百年大计　教育为本

数控机床操作加工技术训练

主　编　倪伟国
编　写　张志盛　魏铁军　陈晶晶
　　　　沈剑峰　朱晓东

北京理工大学出版社
BEIJING INSTITUTE OF TECHNOLOGY PRESS

内容简介

本书参照相关最新国家标准及有关行业的标准、规范编写而成。通过本书的学习，了解常用数控机床的结构、工作过程、特点、应用场合，掌握常用数控机床的一般操作技能及操作规程，初步具备选用刀具、在线测量、选择加工方式的能力，具备常用数控机床的维护保养能力，为后续的数控设备管理与维护技术、数控技能训练考工定级奠定基础。本书适合作为高等学校、中等职业学校数控技术应用专业、模具设计与制造专业的教材，也可供各专业师生和工程技术人员参考。

图书在版编目（CIP）数据

数控机床操作加工技术训练／倪伟国主编. —北京：北京理工大学出版社，2020.6
（2020.7 重印）
　ISBN 978 - 7 - 5682 - 8527 - 8

　Ⅰ. ①数… Ⅱ. ①倪… Ⅲ. ①数控机床 – 操作 – 高等学校 – 教学参考资料②数控机床 – 加工 – 高等学校 – 教学参考资料 Ⅳ. ①TG659

　中国版本图书馆 CIP 数据核字（2020）第 093123 号

出版发行／北京理工大学出版社有限责任公司
社　　址／北京市海淀区中关村南大街 5 号
邮　　编／100081
电　　话／（010）68914775（总编室）
　　　　　（010）82562903（教材售后服务热线）
　　　　　（010）68948351（其他图书服务热线）
网　　址／http：//www.bitpress.com.cn
经　　销／全国各地新华书店
印　　刷／涿州市新华印刷有限公司
开　　本／787 毫米 × 1092 毫米　1/16
印　　张／12.25　　　　　　　　　　　　　　　　责任编辑／王玲玲
字　　数／282 千字　　　　　　　　　　　　　　　文案编辑／王玲玲
版　　次／2020 年 6 月第 1 版　2020 年 7 月第 2 次印刷　责任校对／周瑞红
定　　价／36.00 元　　　　　　　　　　　　　　　责任印制／李志强

江苏联合职业技术学院院本教材出版说明

江苏联合职业技术学院自成立以来，坚持以服务经济社会发展为宗旨、以促进就业为导向的职业教育办学方针，紧紧围绕江苏经济社会发展对高素质技术技能型人才的迫切需要，充分发挥"小学院、大学校"办学管理体制创新优势，依托学院教学指导委员会和专业协作委员会，积极推进校企合作、产教融合，积极探索五年制高职教育教学规律和高素质技术技能型人才成长规律，培养了一大批能够适应地方经济社会发展需要的高素质技术技能型人才，形成了颇具江苏特色的五年制高职教育人才培养模式，实现了五年制高职教育规模、结构、质量和效益的协调发展，为构建江苏现代职业教育体系、推进职业教育现代化做出了重要贡献。

我国社会的主要矛盾已经转化为人们日益增长的美好生活需要与发展不平衡不充分之间的矛盾，因此我们只有实现更高水平、更高质量、更高效益、更加平衡、更加充分的发展，才能全面实现新时代中国特色社会主义建设的宏伟蓝图。五年制高职教育的发展必须服从服务于国家发展战略，以不断满足人们对美好生活需要为追求目标，全面贯彻党的教育方针，全面深化教育改革，全面实施素质教育，全面落实立德树人根本任务，充分发挥五年制高职贯通培养的学制优势，建立和完善五年制高职教育课程体系，健全德能并修、工学结合的育人机制，着力培养学生的工匠精神、职业道德、职业技能和就业创业能力，创新教育教学方法和人才培养模式，完善人才培养质量监控评价制度，不断提升人才培养质量和水平，努力办好人民满意的五年制高职教育，为决胜全面建成小康社会、实现中华民族伟大复兴的中国梦贡献力量。

教材建设是人才培养工作的重要载体，也是深化教育教学改革、提高教学质量的重要基础。目前，五年制高职教育教材建设规划性不足、系统性不强、特色不明显等问题一直制约着内涵发展、创新发展和特色发展的空间。为切实加强学院教材建设与规范管理，不断提高学院教材建设与使用的专业化、规范化和科学化水平，学院成立了教材建设与管理工作领导小组和教材审定委员会，统筹领导、科学规划学院教材建设与管理工作，制定了《江苏联合职业技术学院教材建设与使用管理办法》和《关于院本教材开发若干问题的意见》，完善了教材建设与管理的规章制度；每年滚动修订《五年制高等职业教育教材征订目录》，统一组织五年制高职教育教材的征订、采购和配送；编制了学院"十三五"院本教材建设规划，组织18个专业和公共基础课程协作委员会推进了院本教材开发，建立了一支院本教材开发、编写、审定队伍；创建了江苏五年制高职教育教材研发基地，与江苏凤凰职业教育图书有限公司、苏州大学出版社、北京理工大学出版社、南京大学出版社、上海交通大学出版社等签订了战略合作协议，协同开发独具五年制高职教育特色的院本教材。

今后一个时期，学院将在推动教材建设和规范管理工作的基础上，紧密结合五年制高职教育发展新形势，主动适应江苏地方社会经济发展和五年制高职教育改革创新的需要，以学院 18 个专业协作委员会和公共基础课程协作委员会为开发团队，以江苏五年制高职教育教材研发基地为开发平台，组织具有先进教学思想和学术造诣较高的骨干教师，依照学院院本教材建设规划，重点编写和出版约 600 本有特色、能体现五年制高职教育教学改革成果的院本教材，努力形成具有江苏五年制高职教育特色的院本教材体系。同时，加强教材建设质量管理，树立精品意识，制定五年制高职教育教材评价标准，建立教材质量评价指标体系，开展教材评价评估工作，设立教材质量档案，加强教材质量跟踪，确保院本教材的先进性、科学性、人文性、适用性和特色性建设。学院教材审定委员会将组织各专业协作委员会做好对各专业课程（含技能课程、实训课程、专业选修课程等）教材出版前的审定工作。

本套院本教材较好地吸收了江苏五年制高职教育最新理论和实践研究成果，符合五年制高职教育人才培养目标定位要求。教材内容深入浅出，难易适中，突出"五年贯通培养、系统设计"专业实践技能经验的积累，重视启发学生思维和培养学生运用知识的能力。教材条理清楚、层次分明、结构严谨、图表美观、文字规范，是一套专门针对五年制高职教育人才培养的教材。

学院教材建设与管理工作领导小组
学院教材审定委员会
2017 年 11 月

序　言

2015 年 5 月，国务院印发关于《中国制造 2025》的通知，通知重点强调提高国家制造业创新能力，推进信息化与工业化深度融合，强化工业基础能力，加强质量品牌建设，全面推行绿色制造及大力推动重点领域突破发展等，而高质量的技能型人才是实现这一发展战略的重要途径。

为全面贯彻国家对于高技能人才的培养精神，提升五年制高等职业教育机电类专业教学质量，深化江苏联合职业技术学院机电类专业教学改革成果，并最大限度地共享这一优秀成果，学院机电专业协作委员会特组织优秀教师及相关专家，全面、优质、高效地修订及新开发了本系列规划教材，并配备了数字化教学资源，以适应当前的信息化教学需求。

本系列教材所具特色如下：

● 教材培养目标、内容结构符合教育部及学院专业标准中制定的各课程人才培养目标及相关标准规范。

● 教材力求简洁、实用，编写上兼顾现代职业教育的创新发展及传统理论体系，并使之完美结合。

● 教材内容反映了工业发展的最新成果，所涉及的标准规范均为最新国家标准或行业规范。

● 教材编写形式新颖，教材栏目设计合理，版式美观，图文并茂，体现了职业教育工学结合的教学改革精神。

● 教材配备相关的数字化教学资源，体现了学院信息化教学的最新成果。

本系列教材在组织编写过程中得到了江苏联合职业技术学院各位领导的大力支持与帮助，并在学院机电专业协作委员会全体成员的一致努力下顺利完成了出版任务。由于各参与编写作者及编审委员会专家时间相对仓促，加之行业技术更新较快，教材中难免有不当之处，敬请广大读者予以批评指正，在此一并表示感谢！我们将不断完善与提升本系列教材的整体质量，使其更好地服务于学院机电专业及全国其他高等职业院校相关专业的教育教学，为培养新时期下的高技能人才做出应有的贡献。

江苏联合职业技术学院机电协作委员会

2017 年 12 月

前　　言

　　本课程是依据江苏省五年制高职数控技术专业指导性人才培养方案设置的，本课程主要涉及数控车削/铣削实训的入门训练。通过本课程的学习，了解常用数控机床的结构、工作过程、特点、应用场合；掌握常用数控机床的一般操作技能及操作规程；具备选用刀具、在线测量、选择加工方式的初步能力；具备常用数控机床的维护保养能力。为后续的数控设备管理与维护技术、数控技能训练考工定级做好铺垫。

　　本书打破以知识传授为主的传统学科课程模式，体现"教师主导，学生主体"的教学原则，实现"做、学、教"合一的教育理念。课程内容的选取和结构安排遵循学生知识与技能形成规律和学以致用的原则，突出对学生职业能力的训练，理论知识的选取紧紧围绕完成工作任务的需要，同时，又融合了相关职业岗位对从业人员的知识、技能和态度的要求，体现"以项目为引导，以任务为驱动"的教学思想，让学生在完成具体学习项目的过程中提升相应职业能力并积累实际工作经验。

　　本书适合用作高等学校、中等职业学校数控技术专业、模具设计与制造专业的教材，也可供各专业师生和工程技术人员参考使用。

　　本书由江苏省南通中等专业学校倪伟国主编并统稿，具体编写分工为：项目一由江苏省南通中等专业学校倪伟国编写；项目二由江苏省相城中等专业学校张志盛编写；项目三由江苏省相城中等专业学校魏铁军编写；项目四由江苏省相城中等专业学校陈晶晶编写；项目五由盐城机电高等职业技术学校沈剑峰编写；项目六由江苏省南通中等专业学校朱晓东编写。

　　在本书编写过程中，编者参考了大量的资料和文献，在此对原作者表示谢意。

　　由于编者水平有限，书中难免存在不当之处，欢迎读者批评指正。

编　者

项目一 数控机床基础认知

【项目提出】

数控机床在国民经济发展中具有重要地位，了解数控机床基础知识对今后数控机床的使用和维修非常有必要。通过本项目的学习，了解数控机床产生的背景、组成、分类及各部分的功能，初步掌握数控机床的工作原理、基本术语、加工特点，熟悉数控机床的安全操作规程，熟悉常见典型数控系统的基本特征及数控机床发展概况。如图1-0所示。

图1-0 数控机床

【项目分析】

数控机床是数字控制的工作母机的总称，具有高效率、高精度、高自动化和高柔性的特点。数控机床是制造业信息化的重要基础，其集现代机械制造技术、控制技术、液压气动技术、光电技术等于一体，通过对信息的处理和对机床执行机构的控制，从而完成工件的加工。数控车床、数控铣床、加工中心是当今机械行业中应用最为广泛的数控机床。程序的编制、机床的操作和维修等都是很严格的工作，都必须严格遵守相关的标准，掌握一些基础知识。通过本项目学习，了解数控机床产生的背景、组成、分类，掌握数控机床的工作原理、基本术语及加工特点等，为今后安全操作机床、正确编写程序、熟练维修机床打下基础。

【项目实施】

项目目标

 素养目标

①了解安全操作要求，养成安全、文明操作的习惯。
②养成组员之间相互协作的习惯。

 知识目标

①了解数控机床产生的背景、组成、分类及特点。
②初步掌握数控机床的工作原理、基本术语、加工特点。
③熟悉数控系统的特点及应用。
④掌握逐点比较法插补的计算方法。

 技能目标

①现场识别各种数控机床并掌握其加工原理。
②现场识别并掌握数控机床各组成部分、明确其功能。
③掌握 FACUC、SIEMENS 及华中数控系统的基本特征与应用。
④能按安全操作规程要求进行数控机床的简单操作。

项目任务

任务 1：数控机床的组成、分类及工作过程
任务 2：数控机床的基本术语、加工特点及应用
任务 3：数控机床的安全操作规程
任务 4：数控机床的系统分类及发展概况

任务 1　数控机床的组成、分类及工作过程

【任务目标】
①认识数控机床的组成。

②认识数控机床的分类。

③了解数控机床的工作过程。

【任务准备】

一、数控机床的产生和发展

随着科学技术的发展，机械产品结构越来越合理，其性能、精度和效率日趋提高，更新换代频繁，生产类型由大批大量生产向多品种小批量生产转化。因此，对机械产品的加工相应地提出了高精度、高柔性与高度自动化的要求。数字控制机床就是为了解决单件、小批量，特别是复杂型面零件加工的自动化并保证质量要求而产生的。

第一台数控机床是 1952 年美国 PARSONS 公司与麻省理工学院（MIT）合作研制的三坐标数控铣床，它综合应用了电子计算机、自动控制、伺服驱动、精密检测与新型机械结构等多方面的技术成果，可用于加工复杂曲面零件。

数控机床的发展先后经历了电子管（1952 年）、晶体管（1959 年）、小规模集成电路（1965 年）、大规模集成电路及小型计算机（1970 年）、微处理机或微型计算机（1974 年）和工控 PC 机的通用 CNC（1990 年）等六代数控系统。

目前数控机床向着高速化、多功能化、智能化、高精度化和高可靠性的方向发展。

二、数控机床的组成及工作原理

1. 数控机床的组成

数控机床的种类比较多，图 1-1 和图 1-2 所示为典型的数控车床和数控铣床。

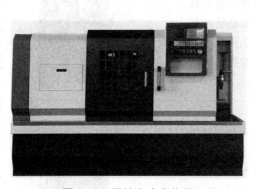

图 1-1　数控车床实物图

图 1-2　数控铣床实物图

数控车床、数控铣床等数控机床都是典型的数控化设备，一般由信息载体、数控系统、伺服系统、机床主体及辅助部分等组成，如图 1-3 所示。没有测量反馈装置的系统为开环控制系统。如果加上测量装置，并反馈到数控装置，就构成了闭环系统。

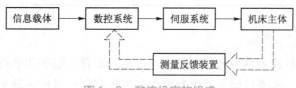

图 1-3　数控机床的组成

数控机床各部分的构成及主要功能见表 1 – 1。

表 1 – 1 数控机床的基本组成

序号	组成部分	说明	图例
1	信息载体	信息载体又称为控制介质，用于记录数控机床上加工一个零件所必需的各种信息，以控制机床的运动，实现零件的加工，如穿孔带、磁盘等。也可以采用操作面板上的按钮和键盘将加工信息直接输入。高级的数控系统还可能包含一套自动编程机或 CAD/CAM 系统	
2	数控系统	数控系统是数控机床实现自动加工的核心，能对 NC 代码信息进行识别、储存和插补运算，并且输出相应的指令脉冲以驱动伺服系统，进而控制机床动作。它主要由监视器、主控制单元、可编程控制器、各类输入/输出接口等组成	
3	伺服系统和测量反馈装置	伺服系统是机床本体和数控系统的联系环节，包括驱动装置和执行机构两大部分。其主要由驱动控制系统、伺服进给电动机和测量反馈装置等组成。伺服电动机是系统的执行元件，驱动控制系统是伺服电动机的动力源，测量反馈装置是数控机床闭环进给伺服系统的重要组成部分	
4	机床主体及辅助部分	机床主体是用于完成各种切削加工的机械部分，主要包括主轴箱、床身、导轨、刀架及进给机构等。为了保证数控机床功能的充分发挥，机床还有一些辅助部分，主要包括液压装置、润滑系统、防护门等，另外，一些数控机床还有编程机和对刀仪等辅助装置	

2. 数控机床的工作原理

数控机床就是由数控系统内的计算机将通过输入装置以数字和字符编码方式所记录的信息进行一系列处理后，再通过伺服系统及可编程序控制器向机床主轴及进给等执行机构发出指令，机床主体则按照这些指令，并在检测反馈装置的配合下，对工件加工所需的各种动作实现自动控制，从而完成工件的加工。

三、数控机床的分类

目前，数控机床种类很多，可以从不同的角度按照多种原则进行分类。

（一）按工艺用途分类

1. 金属切削类数控机床

金属切削类数控机床是最常见的数控机床，这类数控机床包括数控车床、数控铣床、数控钻床、数控磨床、数控镗床及数控加工中心等，每一种又有很多品种，如数控车有：

卧式数控车床：卧式数控车床主轴轴线处于水平位置。生产中使用较多，常用于加工径向尺寸较小的轴类、套类及盘类等复杂零件，如图1-4所示。

立式数控车床：立式数控车床主轴处于垂直位置。其有一个直径较大的圆形工作台，供装夹工件用。主要用于加工径向尺寸大、轴向尺寸较小的零件，如图1-5所示。

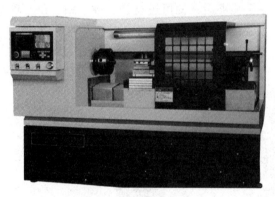

图1-4 卧式数控车床

图1-5 立式数控车床

车削加工中心：在普通数控车床的基础上，增加了C轴和动力头。更高级的数控车床带有刀库，可控制X、Z和C三个坐标轴，联动控制轴可以是(X, Z)、(X, C)或(Z, C)。由于增加了C轴和铣削动力头，这种数控车床的加工功能大大增强，除了可以进行一般车削外，还可以进行径向和轴向铣削、曲面铣削、中心线不在零件回转中心的孔和径向孔的钻削等加工，如图1-6所示。

图1-6 车削加工中心

数控铣床也有卧式数控铣床和立式数控铣床之分，如图1-7和图1-8所示。

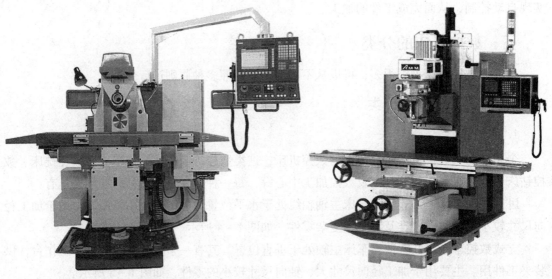

图1-7 卧式数控铣床　　　　　　　　　图1-8 立式数控铣床

在普通数控铣床的基础上加装一个刀库（可容纳10~100把刀具）和自动换刀装置，即为加工中心机床，如图1-9所示。零件在一次装夹后，便可进行铣、镗、钻、铰、攻螺纹等多工序加工。

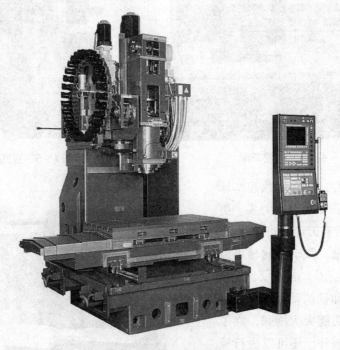

图1-9 数控加工中心

2. 金属成型类数控机床

这类数控机床有数控折弯机、数控组合冲床、数控弯管机和数控回转头压力机等。

3. 数控特种加工机床

这类数控机床有数控电火花加工机床、数控线切割机床、数控激光切割机床等。

4. 其他类型的数控机床

这类机床包括数控三坐标测量机、数控装配机和工业机器人等。

（二）按运动控制方式分类

1. 点位控制数控机床

这类机床的移动部件只能实现由一个位置到另一个位置的精确定位，在移动和定位过程中不进行任何加工。机床数控系统只控制行程终点的坐标值，不控制点与点之间的运动轨迹，因此几个坐标轴之间的运动无任何联系。可以几个坐标同时向目标点运动，也可以各个坐标单独依次运动。图1-10所示为点位控制示意图，主要用于数控镗床、数控钻床、数控冲床、数控测量机和数控点焊机等。

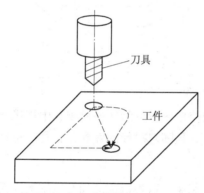

图1-10 点位控制示意图

2. 点位直线控制数控机床

这类数控机床的加工移动部件不仅要实现从一个位置到另外一个位置的精确移动，且能实现平行于坐标轴的直线切削加工运动及沿坐标轴成45°的直线切削加工，但不能沿任意斜率的直线进行切削加工。图1-11所示为点位直线控制示意图，主要用于数控车床、数控镗床、数控铣床等。

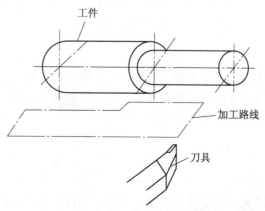

图1-11 点位直线控制示意图

3. 轮廓控制数控机床

这类数控机床能够同时控制 2～5 坐标轴联动，加工形状复杂的零件。它不仅能控制机床移动部件的起点与终点坐标，而且能控制整个加工轮廓每一点的速度和位移，将工件加工成要求的轮廓形状。图 1-12 所示为轮廓控制示意图。常用的数控车床、数控铣床、数控磨床就是典型的轮廓控制数控机床。

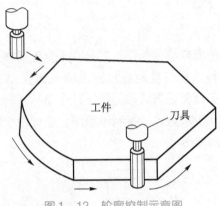

图 1-12　轮廓控制示意图

（三）按数控系统功能水平分类

按数控系统功能水平，数控机床可分为低档机床、中档机床和高档机床。目前这类分类方法并没有明确的分类界限，并且随着时代的发展，其含义也在不断地变化。

1. 低档机床

低档机床也称经济型数控车床，这类机床的伺服系统大多采用开环控制方式，功能比较简单，精度中等，价格低廉，能加工形状比较简单的直线、螺纹及圆弧等。

一般采用步进电动机驱动的开环伺服系统，通常是用单片机对普通车床的进给系统进行改造后形成的简易型数控车床。其成本较低，但自动化程度和功能都比较差，车削加工精度也不高，适用于要求不高的回转类零件的车削加工。

2. 中档机床

这类机床一般采用交流或直流伺服电动机实现半闭环驱动，能实现 4 轴或 4 轴以下的联动控制，广泛用于加工形状复杂或精度要求较高的工件。

3. 高档机床

这类机床采用数字化交流伺服电动机形成闭环驱动，能实现 5 轴及以上联动，一般指能加工复杂形状零件的多轴联动数控机床或加工中心，并且其功能强、工序集中、自动化程度高、柔性高。

（四）按伺服系统类型分类

1. 开环控制数控机床

这类机床不带位置检测反馈装置，通常用步进电动机作为执行机构。输入数据经过数控系统的运算，发出脉冲指令，使步进电动机转过一个步距角，再通过机械传动机构转换为工作台的直线移动。移动部件的移动速度和位移量由输入脉冲的频率和脉冲个数所决定。开环系统结构简单，成本低，维修方便，但精度低，主要用于精度要求不高的经济型数控系统中。

2. 闭环控制数控机床

这类数控机床带有位置检测反馈装置，检测装置安装在机床刀架或工作台等执行部件上，可以随时检测工作台的实际位置。将测量结果直接反馈到数控装置中，通过反馈可消除从电动机到机床移动部件整个机械传动链中的传动误差，最终实现精确定位。闭环控制可以消除由于机械传动部件误差给加工精度带来的影响，从而达到很高的加工精度，但其结构复杂，价格高昂。

3. 半闭环控制数控机床

半闭环控制数控机床也有位置检测装置，只是其位置检测装置不是装在机床运动的最后环节上，而是装在伺服电动机或滚珠丝杠的轴端，通过检测其转角来间接检测移动部件的位移，然后反馈到数控系统中。由于大部分机械传动环节未包括在系统闭环环路内，因此可获得较稳定的控制特性。其控制精度虽然不如闭环控制数控机床，但是调试比较方便，因而被广泛采用。

四、数控机床的工作过程

数控机床加工零件时，一般按照图 1 - 13 所示的步骤进行。

图 1 - 13　数控机床的工作过程

数控机床的加工过程可以分为准备阶段、编程阶段、准备信息载体阶段及加工阶段。

1. 准备阶段

根据加工零件的图纸，对零件加工图样进行工艺性分析，确定定位基准，确定有关加工数据（刀具轨迹坐标点、加工的切削用量、刀具尺寸信息等）。根据工艺方案、选用的夹具、刀具的类型等选择有关其他辅助信息。

2. 编程阶段

根据加工工艺信息，用规定的程序代码和格式规则编写零件加工程序单，或用自动编程软件进行 CAD/CAM 工作，直接生成零件的加工程序文件，并填写程序单。

3. 准备信息载体

根据已编好的程序单，将程序存放在信息载体（穿孔带、磁带、磁盘等）上，通过信息载体将全部加工信息传给数控系统。若数控加工机床与计算机联网，可直接将信息载入数控系统。

4. 加工阶段

当执行程序时，机床数控系统将加工程序语句译码、运算转换成驱动各运动部件的动作指令，在系统的统一协调下驱动各运动部件的适时运动，自动完成对工件的加工。

【任务实施】

一、实施方案

1. 组织方式

①将学生分为六组，在理实一体化教室采用讲授法、观摩法、讨论法等方法学习数控机床的组成、各部分的功能，了解数控机床的分类及工作过程。

②带学生到数控实训车间，每四人一组，先后到数控车床和数控铣床指定位置，识别数控机床的信息载体、数控系统、伺服系统、机床主体及辅助部分，并简单描述各部分的作用。

2. 操作准备

①场地设施：理实一体化教室。

②设备设施：多媒体设备、数控车床、数控铣床等实训设备。

③耗材：刀具、毛坯、干净抹布。

二、操作步骤

(一) 认识数控车床 (图1-14)

①认识数控系统并指出其在车床中的位置。

②认识伺服系统并指出其在车床中的位置。

③认识信息载体并指出其在车床中的位置。

④认识床身、主轴箱及冷却液箱等机床主体及辅助部分并指出其在车床中的位置。

⑤描述数控车床各部分的主要功能。

图1-14 数控车床结构

（二）认识数控铣床（图1-15）

①认识数控系统并指出其在车床中的位置。

②认识伺服系统并指出其在车床中的位置。

③认识信息载体并指出其在车床中的位置。

④认识床身、主轴箱及冷却液箱等机床主体及辅助部分并指出其在车床中的位置。

⑤描述数控铣床各部分的主要功能。

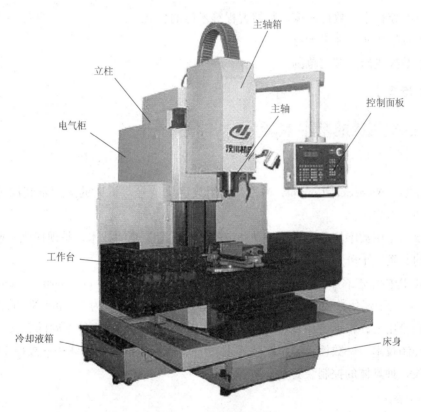

图1-15 数控铣床结构

（三）示范数控车床和数控铣床的工作过程

教师示范操作数控车床和数控铣床的工作过程，请学生观察工作过程并指出数控车床和数控铣床的主要区别。

示范步骤：分析零件→编写程序→输入程序→模拟加工→对刀操作→加工操作。

（四）了解数控车床和数控铣床的主要区别

在观察后请学生讲出数控车床和数控铣床的主要区别。

主要区别：

①数控车床是工件旋转，刀具移动；数控铣床是刀具旋转，工件移动。

②数控车床主要加工旋转体类零件，数控铣床适合加工其他类型的零件。

③数控车床只有两个坐标轴，数控铣床有三个坐标轴。

任务 2　数控机床的基本术语、加工特点及应用

【任务目标】

①了解数控技术、数控机床、数控编程等术语的含义。

②了解数控机床的加工特点。

③了解数控机床的应用范围。

【任务准备】

一、数控机床的基本术语

1. 数字控制

数字控制（Numerical Control，NC），是用数字化信号对机床的运动及其加工过程进行控制的一种技术方法。

数控技术是用数字信息对机械运动和工作过程进行控制的技术，是现代化工业生产中的一门新型的、发展十分迅速的高新技术。

数控技术中引进了计算机，因此，其又称为计算机数控（Computerized Numerical Control，CNC）。由于现代数控都采用了计算机控制，因此，可以认为 NC 和 CNC 的含义完全相同。在工程应用上，根据使用场合的不同，NC（CNC）通常有三种不同的含义：在广义上代表一种控制技术——数控技术；在狭义上代表一种控制系统的实体——数控系统；此外，还可以代表一种具体的控制装置——数控装置。

2. 数控机床

数控机床是采用了数控技术的机床，或者说是装备了数控系统的机床。数控系统是一种控制系统，它自动输入载体上事先给定的数字量，并将其译码，进行必要的信息处理和运算后，控制机床动作和零件加工。CNC 系统是由计算机承担数控中的命令发生器和控制器的数控系统。由于计算机可以完成由软件来确定数字信息的处理过程，从而具有真正的"柔性"，并可以处理硬件逻辑电路难以处理的复杂信息，使数字控制系统的性能大大提高。

3. 数控编程

数控编程是指在计算机及相应的计算机软件系统的支持下，自动生成数控加工程序的过程。它充分发挥了计算机快速运算和存储的功能。

常用的编程方法有手工编程和自动编程两种。

手工编程是指编程的各个阶段均由人工完成。利用一般的计算工具，通过各种数学方法，人工进行刀具轨迹的运算，并进行指令编制。

这种方式比较简单，很容易掌握，适应性较大。适用于中等复杂程度程序、计算量不大的零件编程。

自动编程是指借助计算机使用规定的数控语言编写零件源程序，经过处理后生成加工程序的方法。常用的自动编程软件有 UG、Pro/E、Mastercam 和 CAXA 制造工程师等。

数控编程同计算机编程一样，也有自己的"语言"，但有数控机床还没有发展到相互通用的程度。也就是说，数控机床在硬件上的差距使它们的数控系统还不能相互兼容。所以，当要对一个毛坯进行加工时，要结合数控机床的系统进行编制。

4. 机床坐标系

机床坐标系是固定于机床上，以机床零点为基准的笛卡儿坐标系。数控机床坐标系采用右手笛卡儿坐标系，如图 1 - 16 所示。其基本坐标轴为 X、Y、Z 坐标轴，大拇指的方向为 X 轴的正方向，食指指向为 Y 轴的正方向，中指指向为 Z 轴正方向。

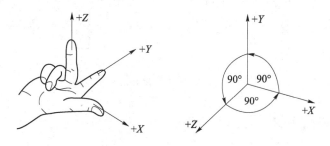

图 1 - 16　右手直角笛卡儿坐标系

5. 机床原点

机床原点是由机床制造商规定的。

数控车床的机床原点一般位于卡盘端面与主轴中心线的交点处，如图 1 - 17 所示。它在机床装配、调试时就已经设置好了，一般情况下不允许用户进行更改。

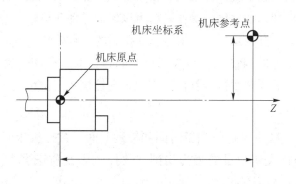

图 1 - 17　机床原点

6. 工件坐标系

工件坐标系是固定于工件上的笛卡儿坐标系，也称为编程坐标系。

7. 工件坐标原点

工件坐标原点也称工件原点或编程原点，是编程人员根据加工零件图样选定的编制程序的坐标原点，也称为编程零点或程序零点，由编程人员自由选择。

数控机床的编程原点一般选定为工件右端面与主轴轴线的交点，如图 1-18 所示。一般通过对刀确定。

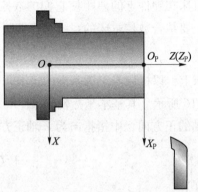

O—机床坐标系原点；O_P—编程坐标系原点。

图 1-18 机床坐标系和编程坐标系

二、数控机床的加工特点

1. 具有高度柔性

在数控机床上加工零件，与普通机床不同，不必制造、更换许多工具、夹具，不需要经常调整机床。因此，数控机床适用于零件频繁更换的场合。也就是适合单件、小批生产及新产品的开发，缩短了生产准备周期，节省了大量工艺设备的费用。

2. 加工精度高

数控机床的定位精度和重复定位精度都很高，较容易保证一批零件尺寸的一致性。只要工艺设计和程序正确合理，加之精心操作，就可以保证零件获得较高的加工精度，一般可达到 0.005 ~ 0.1 mm。数控机床是以数字信号形式控制的，数控装置每输出一个脉冲信号，则机床移动部件移动一个脉冲当量（一般为 0.001 mm），并且机床进给传动链的反向间隙与丝杠螺距平均误差可由数控装置进行补偿，因此，数控机床定位精度比较高。

3. 生产效率高

数控机床可有效地减少零件的加工时间和辅助时间。数控机床的主轴转速和进给量的范围大，允许机床进行大切削量的强力切削。数控机床目前正进入高速加工时代，其移动部件的快速移动和定位及高速切削加工，缩短了半成品的工序间的周转时间，提高了生产效率。

4. 改善劳动条件

数控机床加工前经调整好后，输入程序并启动，机床就能自动、连续地进行加工，直至加工结束。操作者主要是进行程序的输入和编辑、装卸零件、准备刀具、观测加工状态、检测零件等工作，劳动强度极大降低，机床操作者的劳动趋于智力型工作。另外，机床一般是封闭式加工，既清洁，又安全。

5. 利于生产管理现代化

数控机床的加工，可预先精确估计加工时间，所使用的刀具、夹具可进行规范化、现代化管理。数控机床使用数字信号和标准代码作为控制信息，易于实现加工信息的标准化，目前已与计算机辅助设计与制造有机地结合起来，是现代集成制造技术的基础。

三、数控机床的应用

与普通机床相比，数控机床具有许多优点，但其投资较高，对操作和维修人员的素质要求也较高，在选用时要充分考虑其经济效益。根据国内外数控机床应用实践，数控加工的适用范围可用图1-19和图1-20进行定性分析。图1-19所示为随着零件复杂程度和生产批量的不同，三种机床的应用范围的变化。图1-20表明了随着加工批量的不同，采用三种机床加工时，总加工费用的比较。

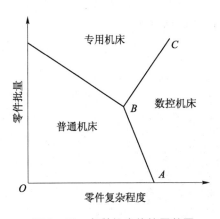

图1-19 各种机床的使用范围

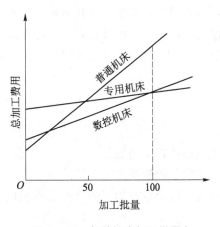

图1-20 各种机床加工批量与
总加工费用的关系

数控机床适合加工以下工件。

①最适合多品种中小批量零件。随着数控机床制造成本的逐步下降，现在不管是国内还是国外，加工大批量零件的情况也已经出现。

②精度要求高的零件。由于数控机床的刚性好，制造精度高，对刀精确，能方便地进行尺寸补偿，所以能加工尺寸精度要求高的零件。

③表面粗糙度小的零件。在工件和刀具的材料、精加工余量及刀具角度一定的情况下，表面粗糙度取决于切削速度和进给速度。普通机床是恒定转速，直径不同时，切削速度就不同；数控车床具有恒线速切削功能，车端面、不同直径外圆时，可以使用相同的线速度，保证表面粗糙度既小又一致。在加工表面粗糙度不同的表面时，粗糙度小的表面选用小的进给速度，粗糙度大的表面选用大一些的进给速度，可变性很好，普通机床很难做到这一点。

④轮廓形状复杂的零件。任意平面曲线都可以用直线或圆弧来逼近，数控机床具有圆弧插补功能，可以加工各种轮廓复杂的零件。

【任务实施】

一、实施方案

1. 组织方式

①将学生分为六组，在理实一体化教室采用讲授法、观摩法、讨论法等方法学习数控机床的基本术语、数控机床的加工特点，了解数控机床的应用。

②带学生到数控实训车间，每四人一组，观看数控车床实际加工过程、数控加工中心实际加工过程，切实感受数控车床、数控铣床加工的特点和应用。

③带学生到数控实训车间，每四人一组，先后到数控车床和数控铣床指定位置，初步了解数控机床坐标系。

2. 操作准备

①场地设施：理实一体化教室、实训车间。

②设备设施：多媒体设备、数控车床、数控铣床等实训设备。

③耗材：刀具、毛坯、干净抹布。

二、操作步骤

（一）了解数控机床的加工特点

①观察数控车削加工。

②观察数控铣削加工。

③观察讨论数控加工的生产效率和加工质量等。

（二）初步了解数控机床坐标系

1. 认识数控车床坐标系

结合右手直角笛卡儿坐标系（图1-21）和数控车床，初步了解数控车床坐标系（图1-22）。

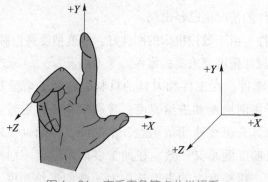

图1-21　右手直角笛卡儿坐标系

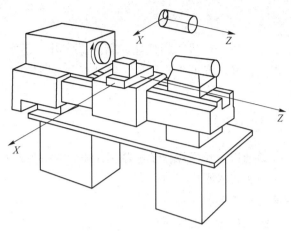

图 1-22　数控车床坐标系

2. 认识数控铣床坐标系

结合右手直角笛卡儿坐标系（图 1-21）和数控铣床，初步了解数控铣床坐标系（图 1-23）。

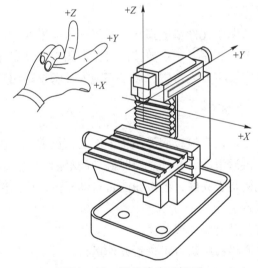

图 1-23　数控铣床坐标系

思考与练习

1. 简述数控车床的工作原理及分类。

2. 数控机床的特点是什么？

任务 3　数控机床的安全操作规程

【任务目标】

熟悉数控机床安全操作规程。

【任务准备】

数控机床操作者除了应掌握数控机床的性能并精心操作外，还要管好、用好数控机床，养成文明生产的良好工作习惯和严谨的工作作风，做到安全文明生产，严格遵守安全操作规程，通常包括以下内容。

一、安全操作注意事项

①穿紧身工作服，扎紧袖口，长发操作工应戴工作帽，将头发或辫子塞入帽内。

②戴好防护镜，以免切屑飞入眼中。

③不准穿高跟鞋或凉鞋进入实习场地。

④不要移动或损坏安装在机床上的警示牌。

⑤不要在机床周围放置障碍物，工作空间应足够大。

⑥数控系统的编程、操作和维修人员必须经过专门的技术培训，熟悉所用的数控机床的使用环境、条件和工作参数等，严格按机床和系统的使用说明书要求正确地操作机床。

⑦数控车床的使用环境要避免光的直接照射和其他热辐射，避免太潮湿或粉尘过多的场所，特别要避免有腐蚀气体的场所。

⑧为避免电源不稳定给电子元件造成损坏，数控车床应采取专线供电或增设稳压装置。

⑨数控机床的开机、关机顺序，一定要按照机床说明书的规定操作。

⑩数控机床的使用一定要有专人负责，严禁其他人员随意动用数控设备。

二、操作前的安全准备工作

①机床工作前要先预热，认真检查润滑系统工作是否正常，如机床长时间未开动，可先采用手动方式向各部分提供润滑油，并注意及时添加润滑油。

②检查机床各部件机构是否完好，各按钮能否自动复位，检查电气控制是否正常，各开关、手柄是否在规定的位置上。

③检查冷却液的状态，及时添加或更换。

④加工程序必须经过严格检验后方可进行操作运行。

⑤在每次电源接通后，必须先完成各轴的返回参考点操作，然后再进入其他运行方式，以确保各轴坐标的正确性。

⑥工件要装夹牢靠。完成装夹后，要注意将卡盘扳手及其他工具取出拿开，以免主轴旋转后甩出造成事故。

⑦主轴启动开始切削之前一定要关好防护罩门，程序正常运行时严禁开启防护罩门。

⑧加工工件前，要进行模拟或试运行，严格检查并调整加工原点、刀具参数、加工参数、运行轨迹。

三、操作过程中的安全注意事项

①机床在正常运行时不允许打开电器柜的门。

②车床地面上放置的脚踏板必须坚实、平稳，并随时清理其上的切屑，以防人员滑倒而发生事故；车床开动后，操作人员不准坐凳子，以防打瞌睡而发生事故。

③禁止用手或其他任何方式接触正在旋转的主轴、工件或其他运动部位，工作时不允许擅自离开机床或做与车削无关的工作。

④加工过程中，如出现异常危急情况，可按下"急停"按钮，以确保人身和设备的安全。

⑤禁止用手接触刀尖和金属屑，金属屑必须要用钩子或毛刷来清理。

⑥机床运转时，不准用棉纱擦拭工件，不准用游标卡尺测量工件。

⑦夹持工件的卡盘、拨盘、鸡心夹头的凸出部分最好使用防护罩，以免其绞住衣服或身体的其他部位。如无防护罩，操作时应注意距离，不要靠近。

⑧完成对刀后，要做模拟换刀试验，以防正式操作时发生撞坏刀具、工件或设备的事故。

⑨操作数控系统面板时，严禁两人同时操作。

⑩机床运转中，操作者不得离开岗位，机床发现异常现象时，应立即停车。

四、操作完成后的注意事项

①依次关掉机床操作面板上的电源和总电源。

②整理刀具、量具并归类放置。

③清除铁屑、擦拭机床，使机床和环境保持清洁状态。

④认真执行交接班制度，并填写交接记录本，做好文明生产。

⑤要经常润滑机床导轨，防止导轨生锈，并做好机床的清洁和保养工作。

【任务实施】

一、实施方案

1. 组织方式

①将学生分为六组，在理实一体化教室采用讲授法、观摩法、讨论法等方法学习数控机床的安全操作规程。

②带学生到数控实训车间，每三人一组，到数控车床指定位置，初步熟悉数控机床安全操作规程。

2. 操作准备

①场地设施：实训车间。

②设备设施：多媒体设备、数控车床等实训设备。

③耗材：刀具、毛坯、干净抹布。

二、操作步骤

(一) 安全操作工作准备

①按要求穿好工作服，扎紧袖口，戴好工作帽及防护镜，如图 1 - 24 所示。

②整理机床周围环境，确保工作空间应足够大。

③认真检查润滑系统的工作是否正常。

图1-24　安全操作工作准备

④检查机床各部件机构是否完好，各按钮能否自动复位。

⑤检查冷却液的状态。

⑥检查卡盘、刀架等是否会影响主轴旋转。

（二）开机操作

①打开机床总电源开关。

②在机床操作面板（图1-25）上旋转机床开关旋钮至"ON"。

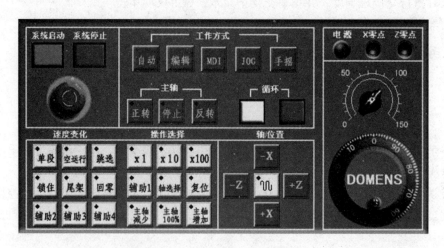

图1-25　机床操作面板

③按下机床控制面板系统开关"POWER ON"，启动系统。

④系统启动完毕后，出现紧急警报，旋开红色蘑菇头紧急停止开关，按"RESET"按键复位。

⑤选择机床回原点模式，按下Z、X两轴正向移动键，两轴返回原点。数控车床回原点时，必须先回X轴，再回Z轴，否则刀可能会与工件发生碰撞。

（三）关机操作

①选择机床手动模式，按下Z、X轴手动或手轮移动键，先移动Z轴，然后再移动X

轴，避免刀架与尾座发生碰撞。

②按下红色蘑菇头紧急停止开关。

③按下机床控制面板系统开关"POWER OFF"。

④旋转机床开关旋钮至"OFF"。

⑤关闭机床总电源开关。

（四）操作完成后的清扫与整理

①整理刀具、量具并归类放置。

②清除铁屑，擦拭机床，使机床和环境保持清洁状态。

③润滑机床导轨，防止导轨生锈，并做好机床的清洁和保养工作。

④填写交接记录本，搞好文明生产。

（五）小组讨论

数控机床的安全操作要注意哪些方面？

任务 4　典型数控系统及数控机床发展趋势

【任务目标】

①了解典型数控系统的特点及应用。

②了解数控机床的发展趋势。

【任务准备】

一、典型数控系统

数控系统是数控机床的核心，数控机床根据功能和性能要求，配置不同的数控系统。不同的数控系统，其控制方式及连接方式会有差别，但工作原理基本相同。

目前，在数控机床行业占据较大份额的数控系统主要有日本的 FANUC 数控系统和德国的 SIEMENS 系统。我国的华中数控系统和广州数控系统应用也越来越广，此外，德国海德汉公司的 HEIDENHAIN 系统在高端机床中应用较广。

1. 日本 FANUC 数控系统

日本发那科公司（FANUC）是世界上从事数控产品生产较早、产品市场占有率较大、影响力较大的数控类产品开发、制造厂家之一。该公司自 20 世纪 50 年代开始生产数控产品，至今已开发、生产了数十个系列的控制系统，目前主要产品有 F0i、F16i/ F18i/ F21i、F30i/ F31i 等，在这些型号中，使用最为广泛的是 FANUC0 系列。

FANUC 系统各系列的总体结构非常相似，并且具有基本统一的操作界面，如图 1-26 所示。

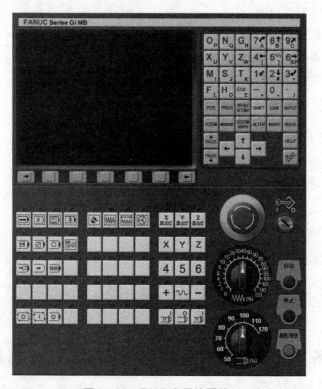

图 1-26 FANUC 数控系统

FANUC 系统功能完善，性能稳定，性价比高，主要有以下特点：

①系统的各个控制板高度集成，采用了模块化结构，易于拆装，可靠性高，便于维修、更换。

②具有较强的抵抗恶劣环境影响的能力，安全可靠。

③有较完善的保护措施。FANUC 对自身的系统采用比较好的保护电路。

④ FANUC 系统所配置的系统软件具有比较齐全的基本功能和选项功能。

⑤具有丰富的维修报警和诊断功能。

⑥产品应用范围广，每一 CNC 装置上可配多种控制软件，适用于多种机床。

2. 德国 SIEMENS 数控系统

德国西门子（SIEMENS）公司是著名的数控系统生产厂家，其数控系统功能完善，稳定可靠，具有较高的性价比，在我国数控机床行业被广泛应用。

SIEMENS 公司的数控装置采用模块化结构设计，在一种标准硬件上配置多种软件，使它具有多种工艺类型，满足各种机床的需要，并成为系列产品。SIEMENS 具有丰富的人机对话功能，可有多种语言显示，其操作面板如图 1-27 所示。目前 SIEMENS 公司 CNC 装置主要有 SINUMERIK 802/810/820/840 系列。

3. 华中数控系统

华中数控是由武汉华中数控股份有限公司生产的具有自主知识产权的数控产品，经过多年的发展和技术创新，可靠性和精度及自动化程度都达到了较高的水平，目前已形成了高、中、低三个档次的系列产品，研制了华中 8 型系列高档数控系统新产品，具有自主知识产权

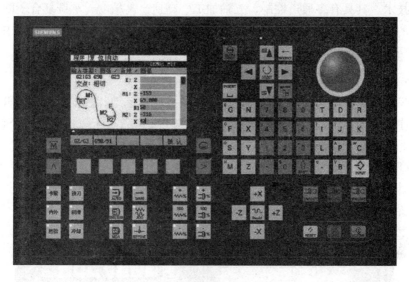

图 1 - 27 SIEMENS 数控系统

的伺服驱动和主轴驱动装置性能指标达到国际先进水平。目前华中数控主要有华中世纪星 HNC – 21/22、HNC – 18i/19i、HNC – 848、HNC – 818AM 等系列，其操作界面如图 1 – 28 所示。

图 1 - 28 华中世纪星数控系统

华中世纪星 HNC – 21/22 数控系统采用先进的开放式体系结构，内置嵌入式工业 PC，具有价格低廉、配置灵活、结构紧凑、易于使用、可靠性高的特点。

HNC – 848 数控装置是全数字总线式高档数控装置，瞄准国外高档数控系统，采用双 CPU 模块的上下位机结构及模块化、开放式体系结构，基于具有自主知识产权的 NCUC 工业现场总线技术。其具有多通道控制、五轴加工、高速、高精度、车铣复合、同步控制等高档数控系统的功能，主要应用于高速、高精、多轴、多通道的立式、卧式加工中心，车铣复合，五轴龙门机床等。

4. 广州数控系统

广州数控设备有限公司（GSK）是中国南方数控产业基地，主要产品有 GSK 系列车床、铣床、加工中心数控系统。目前广州数控有 GSK980TDi 系列车床数控系统、GSK983 系列铣床数控系统、GSK25i 系列加工中心数控系统等多系列数控系统产品。

GSK983T 数控系统是广州数控设备有限公司在原有产品的技术基础上，广泛借鉴并充分吸收国内外技术而研发出的新一代高性能、高可靠性、高性价比的普及型全闭环数控系统。其操作界面如图 1 – 29 所示。

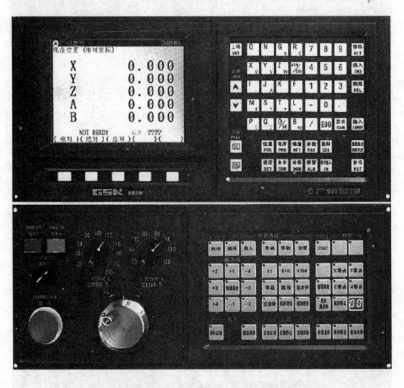

图 1 – 29　广州数控 GSK983T 数控系统

GSK25i 系统是 GSK 自主研发的多轴联动的功能齐全的高档数控系统，并且配置自主研发的最新 DAH 系列 17 位绝对式编码器的高速、高精度伺服驱动单元，实现全闭环控制功能。GSK25i 系统基于 Linux 的开放式系统，提供远程监控、远程诊断、远程维护、网络 DNC 功能及 G 代码运行三维仿真功能，有丰富的通信接口；具有 RS232、USB 接口、SD 卡接口、基于 TCP/IP 的高速以太网接口，I/O 单元可以灵活扩展，开放式的 PLC，支持 PLC 在线编辑、诊断、信号跟踪。

二、数控机床发展趋势

随着计算机技术和微电子技术的发展，数控机床的性能日臻完善，为了满足制造业向更高

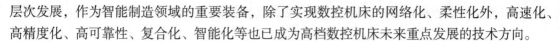

层次发展，作为智能制造领域的重要装备，除了实现数控机床的网络化、柔性化外，高速化、高精度化、高可靠性、复合化、智能化等也已成为高档数控机床未来重点发展的技术方向。

1. 高速化和高精度化

速度和精度是数控机床的两个重要指标，直接关系到数控机床的加工生产率和产品质量。现代数控系统必须在保持和提高精度的同时提高速度，但是这两项技术指标又是相互制约的，也就是说，要求位移速度越高，定位精度就越难提高。因此，对数控机床的机械结构和伺服系统提出了更高的要求。

高速度主要取决于数控系统在读入加工指令数据后的数据处理速度，因此，采用高位数和高频率 CPU 是提高数控系统速度的最有效手段；采用数字式交流和直流电动机直接驱动机床工作台的直线进给方式，以提高进给速度和动态响应特性；采用高分辨率的位置检测装置和多种补偿功能，以提高系统控制精度和补偿机械系统的误差。

2. 高可靠性

由于数控机床的自动化特性，因而其长时间在无人看守状态下运行，所以数控机床的可靠性一直是用户最关心的主要指标。它主要取决于数控系统和伺服驱动单元的可靠性。目前主要采用大规模集成电路，采用模块化、标准化、通用化的硬件结构，以提高系统工作的稳定性和可靠性，降低故障率。机床的高可靠性使机床在生产时更放心，更能节约企业原材料和人工，这是对社会资源的一种节约。目前高档的数控机床设备平均的无故障时间在 30 000 h 以上。

3. 复合化

工件一次装夹，能进行多种工序复合加工，可大大提高生产效率和加工精度，这是机床一贯追求的。由于产品开发周期越来越短，对制造速度的要求也相应提高，机床也朝高效能发展。机床已逐渐发展成为系统化产品，用一台电脑控制一条生产线的作业。机床加工的复合化已是不可避免的发展趋势。

4. 智能化

计算机软件技术的飞速发展使数控系统可以充分利用软件技术，并与人工智能技术相结合，使数控系统的智能化程度更高。在数控系统中采用故障自诊断、自修复技术，利用故障诊断程序进行在线诊断、离线诊断，甚至通过通信手段进行远程诊断。在数控系统中引入自适应控制技术，根据切削条件的变化自动调节伺服进给参数、切削用量等工作参数，使数控机床在加工过程中保持良好的工作状态，得到较高的加工精度和较小的表面粗糙度。应用模式识别技术使机器能自动识别图样，按照操作者语言命令进行加工。数控系统与 CAD/CAPP/CAM 系统集成，利用 CAD 绘制零件图，从 CAPP 数据库中自动获得加工工艺参数，经过刀具轨迹数据计算和后置处理，自动生成数控加工程序，提高编程效率。

数控技术是提高产品质量、提高劳动生产率必不可少的物质手段，它的广泛使用给机械制造业生产方式、产业结构及管理方式带来深刻的变化，它的关联效益和辐射能力更是难以估计；数控技术是制造业实现自动化、柔性化、集成化生产的基础，现代的 CAD/CAM、FMS、CIMS 等，都是建立在数控技术之上的。数控技术是国际商业贸易的重要构成，发达国家把数控机床视为具有高技术附加值、高利润的重要出口产品，世界贸易额逐年增加。大力发展以数控技术为核心的先进制造技术已成为世界各发达国家加速经济发展、提高综合国力和国家地位的重要途径。

【任务实施】

一、实施方案

1. 组织方式

①将学生分为六组，在理实一体化教室采用讲授法、观摩法、讨论法等方法学习了解常用的几种典型数控系统、数控机床的发展趋势。

②带学生到数控实训车间，每四人一组，先后到 FANUC、SIEMENS、华中数控、广州数控系统机床位置，初步了解不同数控系统的基本构成。

2. 操作准备

①场地设施：理实一体化教室。

②设备设施：多媒体设备、数控车床、数控铣床等实训设备。

二、操作步骤

①初步了解 FANUC 系统的基本构成。

②初步了解 SIEMENS 系统的基本构成。

③初步了解华中数控系统的基本构成。

④初步了解广州数控系统的基本构成。

 【项目总结】

本项目主要学习了数控机床的组成、分类及各部分的功能；数控机床的工作原理、加工特点；数控机床的安全操作规程及常见的典型数控系统等。

一、数控机床的组成

数控机床一般由信息载体、数控系统、伺服系统、机床主体及辅助部分等组成。

二、数控机床的分类

（一）按工艺用途分类

①金属切削类数控机床。

②金属成型类数控机床。

③数控特种加工机床。

④其他类型的数控机床。

（二）按运动控制方式分类

①点位控制数控机床。

②点位直线控制数控机床。

③轮廓控制数控机床。

（三）按数控系统功能水平分类

数控机床可以分为低档机床、中档机床和高档机床。

（四）按伺服系统类型分类

①开环控制数控机床。

②闭环控制数控机床。

③半闭环控制数控机床。

三、数控机床的加工特点

①高度柔性。

②加工精度高。

③加工质量稳定、可靠。

④生产效率高。

⑤改善劳动条件。

⑥利于生产管理现代化。

四、数控机床的应用

①多品种中小批量零件。

②精度要求高的零件。

③表面粗糙度小的零件。

④轮廓形状复杂的零件。

五、数控机床的安全操作规程

数控机床操作者除了应掌握数控机床的性能并精心操作外，还要管好、用好数控机床，养成文明生产的良好工作习惯和严谨的工作作风，做到安全文明生产，严格遵守安全操作规程。

六、典型数控系统

目前，在数控机床行业占据较大份额的数控系统主要有日本的 FANUC 数控系统和德国的 SIEMENS 系统。我国的华中数控系统、广州数控系统应用也越来越广。此外，德国海德汉公司的 HEIDENHAIN 系统在高端机床中应用较广。

七、数控机床发展趋势

①高速化和高精度化。

②高可靠性。

③复合化。

④智能化。

项目二  数控机床的维护与保养技术训练

【项目提出】

随着数控机床使用的日益广泛及其在企业生产中的地位越来越重要，正确养护数控机床及掌握必要的数控机床故障处理方法就显得非常重要。掌握正确的数控机床保养技能和了解数控机床故障的应对方法对于提高数控机床使用效率及提高生产效率有着重要的意义，同时，也是对一名合格的数控机床使用者的必要要求。通过本项目的学习，了解数控机床产生故障的一般原因，掌握一般数控机床故障发生的现象和故障点的判断方法，并能简单应对一般故障。另外，正确了解数控机床润滑系统的组成和正确使用机床的润滑系统，通过正确的保养来提高数控机床正常开机率。如图2－0所示。

图2－0　数控机床的维护与保养

【项目分析】

数控机床是高度自动化、高度可靠性和高精度的自动化机械加工设备。然而，正常使用产生的机械磨损、电器件和液压件等的正常老化、操作不当造成的损伤及外部原因造成的设备故障等会不时出现，严重影响到生产效率或是设备的使用率。通过本项目的学习，可以了解数控机床易产生故障的部位，了解一般故障的表现，并通过合理的方法去处理故障。此外，通过正确使用机床的润滑系统，达到尽可能地减少或不产生不必要的故障的目的。

【项目实施】

项目目标

素养目标

①能对数控机床产生故障后做出正确的处理。
②养成对设备日常润滑和保养的习惯。

知识目标

①了解故障的基本概念、故障诊断的概念。
②了解故障的分类和各类故障的现象。
③能够根据不同的故障情况做出正确的应对。
④了解数控机床的润滑系统。
⑤了解如何正确润滑数控机床，懂得润滑对数控机床的重要性。

技能目标

①会根据故障现象判断故障产生的部位。
②能大致了解故障产生原因并对设备产生故障后做出正确的处理。
③会正确使用机床的润滑系统对数控机床做正确的润滑。

项目任务

任务1：数控机床的故障和处理
任务2：数控机床的润滑

任务1 数控机床的故障和处理

【任务目标】

①了解数控机床故障的基本概念。

②了解数控机床故障的分类。

③遇到一般故障现象时，能通过必要的技术资料和测量工具对故障做出正确判断。

④能对故障进行正确处理。

【任务准备】

一、数控机床故障的基本概念

数控机床故障是指数控机床全部或部分丧失原有的功能而不能正常进行加工的现象。数控机床故障诊断是指在数控机床运行中，根据设备的故障现象，在掌握数控系统各部分工作原理的前提下，对现行的状态进行分析，并辅以必要检测手段，查明故障的部位和产生故障的原因，并提出有效的维修对策的过程。

二、数控机床故障的分类

数控机床故障常用的分类方法大致有以下几种：

1. 按故障的起因分类

一般分为关联性故障和非关联性故障两类。

①关联性故障是指某个故障的产生是由于某些外部关联原因所造成的。例如：加工参数不当、机床的设计或结构缺陷、外部供电不正常、外部干扰等。

②非关联性故障是指某个故障的产生与非故障部位无关的故障。

2. 按故障发生的状态分类

一般可以分为突发故障和渐变故障两类。

①突发故障是指发生故障前无任何征兆，突然出现的故障。

②渐变故障是指某个故障在发生前有故障较为明确征兆现象，而后逐渐严重最后形成故障。

3. 按故障发生的部位分类

一般可分为机械故障、系统故障、外围电路故障、液压气动故障及辅助和外设部件故障共五类。图 2－1 所示为 FANUC 系统故障图。

①机械故障是指机械部件出现问题造成的故障。

②系统故障是指数控系统出现问题造成的故障。

③外围电路故障是指外围电路出现问题造成的故障。

④液压气动故障是指液压气动部件出现问题造成的故障。

⑤辅助和外设部件故障是指辅助部分出现问题或是外设部件如油冷机等出现问题造成的故障。

4. 从故障的表现形式分类

可以分为软故障和硬故障两类。

①软故障是指故障点不明确或是故障现象不明确或故障现象间歇性出现不易捕捉的故障。

②硬故障是指故障现象或是故障表现明确的故障。

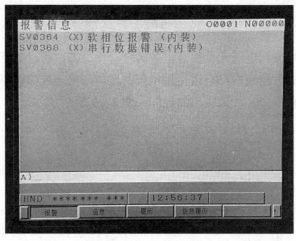

图 2 – 1　系统故障图

5. 按有无报警现象分类

可以分为有报警信息故障和无报警信息故障两类。

①有报警信息故障是指故障出现时能在系统显示装置上出现报警信息的故障。

②无报警信息故障是有明确故障现象但是系统显示装置没有报警信息的故障。

6. 按故障影响安全程度分类

可分为危险性故障和非危险性故障两类。

①危险性故障是指机床发生故障时可能会造成人身伤害或是设备伤害事故的故障。

②非危险性故障是指故障的发生不会造成人身伤害或是设备伤害事故的故障。

7. 按故障发生的主因分类

可以分为软件故障和硬件故障两类。

①软件故障是指由于机床控制参数不匹配或加工参数不正确造成的故障，如图 2-2 所示。

②硬件故障是指由于机床某硬件损坏造成的机床故障。

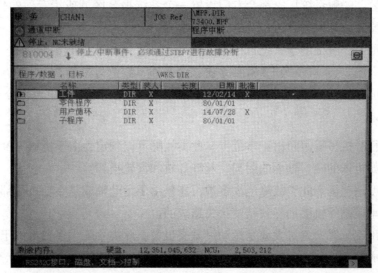

图 2 – 2　西门子软件故障图

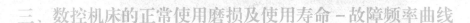

三、数控机床的正常使用磨损及使用寿命 – 故障频率曲线

①数控机床是由机械和电气元器件等组成的自动化设备，所以都可能会出现正常的磨损现象和老化现象。所有数控机床都会因使用年限的增加而出现故障频率的变化。

②数控机床的使用寿命 – 故障频率曲线图如图 2 – 3 所示。

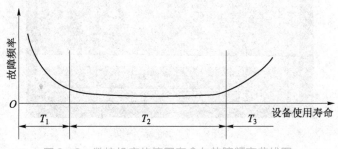

图 2 – 3　数控机床的使用寿命与故障频率曲线图

四、从数控机床故障发生的原因来了解一般的故障现象

1. 软件故障原因易造成的故障现象

①加工质量降低。一般加工参数不正确或刀具选用不当都会造成此类问题出现。

②出现程序报警（FANUC 系统中的 P/S 报警）。一般都是编程语法错误或是系统中的编程参数设置不正确造成的。

③实际走刀与编程走刀出现规则性变大或缩小。一般是机床的轴参数设置不正确造成的。

④机床运行时出现轴抖动或爬行等现象。可能是机床的伺服参数设置不正确造成的（也可能是其他硬件问题造成的）。

2. 系统故障原因易造成的故障现象

①系统报警。一般系统厂家都会专门设置一个系统报警区域或用专门的代码段来显示，当出现系统报警时，绝大多数是系统故障造成的。

②系统蓝屏。一般是由于系统自检无法通过造成的。当此类故障出现时，绝大多数是系统故障造成的。图 2 – 4 所示为 FANUC 系统报警画面，颜色为黑色。

③系统黑屏（无法启动）。此类故障有一半的可能性是由于系统电源部分故障造成的。

3. 机械故障原因易造成的故障现象

①机床运行时机械噪声超出正常范围。此类故障可以判定为由于机械零件损坏或过度磨损造成的。例如机床的轴、轴承的磨损，丝杠导轨和齿轮损坏等。

②加工精度超范围。此类故障绝大多数可能是由于运动轴或是主轴机械部件问题导致如滚珠丝杠、轴承或是导轨磨损导致精度丢失造成的。

③加工时出现位置误差过大或是运动过载类报警。此类故障大多数是由于机械类零件过紧或是卡死造成的。

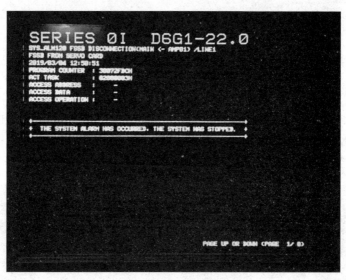

图 2 - 4　FANUC 系统报警画面

4. 输入/输出故障易造成的故障现象

①某个信号丢失造成的报警。此类故障一般情况是由于输入的信号线断线或是输入/输出模块故障造成的。

②输入/输出模块报警。此类故障一般是输入/输出模块硬件故障造成的。

5. 伺服故障易造成的故障现象

①伺服报警。此类故障一般是由于伺服模块、伺服电动机或是伺服连线问题造成的。图 2 - 5 所示为 SIEMENS 系统伺服报警页面。

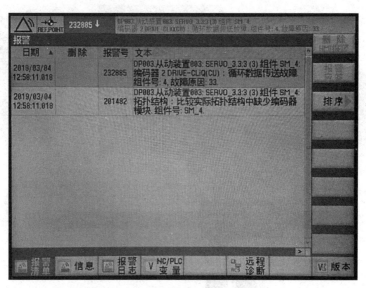

图 2 - 5　SIEMENS 系统伺服报警页面

②加工尺寸变化巨大。此类故障在排除机械和参数问题后，一般是由于伺服模块或伺服电动机损坏造成的。

五、数控机床故障诊断方法

（一）诊断和处理故障所需资料及工量具

1. 资料

在诊断和处理故障时，首先查阅机床生产厂家提供的数控机床电气使用说明书、数控机床报警说明书、数控机床电气原理图、数控机床电气连接图、数控机械机床结构简图、数控机床参数表、数控系统参数手册、数控系统维修手册等资料，如图 2-6 所示。

图 2-6　资料

2. 工量具

常用工量具包括万用表、兆欧表、游标卡尺、千分尺、百分表（含表座）、千分表（含表座）等，如图 2-7 所示。

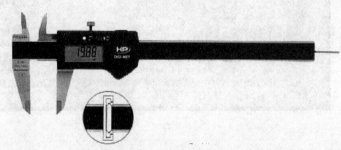

图 2-7　诊断常用工量具

（二）故障诊断步骤

①判定故障真伪。确定是否是机床本身故障，排除程序原因、外部供电原因和外部干扰原因等造成的故障。

②判断故障主因。确定故障属于软件故障还是硬件故障。

③判断故障部位。确定故障发生在机床的哪个部分，并找出相应的解决办法。

（三）故障诊断的方法

在诊断机床故障时，一般可以通过"望""闻""问""切""测"来进行。

望：查看系统显示有无报警信息、报警指示灯情况、电箱内保险丝断否、元器件有无烟熏烧焦、电容器有无膨胀变形或开裂，以及断路保护器有无跳闸情况等。

闻：听一下有无异常噪声，如电气部分的铁芯振动、元件哨叫等，以及机械部分的轴承异响、齿轮异响等。另外，也可以用鼻子嗅一下电气元件有无焦煳味及其他异味。

问：仔细询问一下故障发生前机床的状况、故障发生时的具体状况，来判断故障的性质。

切：用手触摸，查看元器件是否有发热、振动和接触不良情况等。

测：对故障点的电气方面进行电压、电流、电阻等测量，对机械方面进行尺寸、跳动和间隙等测量。

通过以上方法可以正确确定发生故障的故障点并推断出其产生的原因，为后续的处理做好充分的准备。

六、数控机床故障的正确处理方法

（一）处理数控机床故障的原则

1. 安全原则

在确定人员安全和设备问题不扩大的前提下，操作者才能进行合理的处理。另外，操作者必须在具备相关专业知识的情况下才能处理机床所发生的故障，切不可盲目操作。

2. 方法合理原则

运用上述望、闻、问、切、测的方法和查阅相关技术资料，在确定故障点的情况下，对自己能处理的故障进行维修，对有相关备件的损坏零件进行更换。对于有技术难度的维修或更换工作，应在充分咨询生产厂家技术人员和相关专业人员的基础上进行。对于专业性很强的故障或是危险性故障，必须由厂家技术员或是相关专业人员进行处置。

3. 经济、快速原则

通过正确的处理方法以最快速、最经济的方法来处理所遇到的故障。一般常见故障可由操作者自行处理；不能解决的故障应及时通知厂家或专业人员处理。数控机床设备属于高价值设备，数控系统属于高技术含量、高附加值的产品，数控机床主轴和各个运动轴所选用的都是高精度机械产品，价值非常高。另外，整台机床参数设定和调整是一项非常复杂的系统工程。因此，任何不专业的维修操作都可能造成重大损失。所以，切勿在不具备相关知识和技能的情况下试图去拆解机床或调整参数，否则，可能造成危险或是更大的损失。

（二）几种常见故障的处理方法

1. 加工尺寸不稳定

造成加工尺寸不稳定的主要原因是滚珠丝杠和轴承间隙过大，通常可以参照图2-8所示的步骤进行解决。

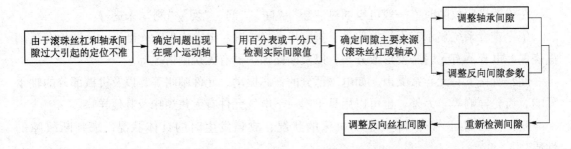

图2-8　加工尺寸不稳定的处理方法

2. 系统报警

系统报警是一种常见故障，原因较为复杂，可参照图2-9所示的步骤进行解决。

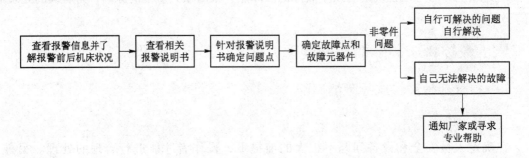

图2-9　系统报警故障的处理方法

3. 系统无法启动

遇到系统无法启动的问题时，可参照图2-10所示的步骤进行解决。

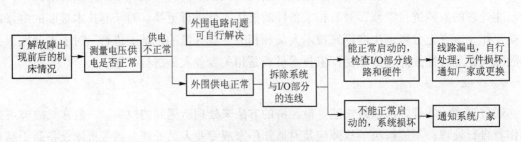

图2-10　系统无法启动的处理方法

4. 噪声过大

噪声过大也是一种常见故障，通常有机械噪声和电器噪声，可参照图2-11所示的步骤进行解决。

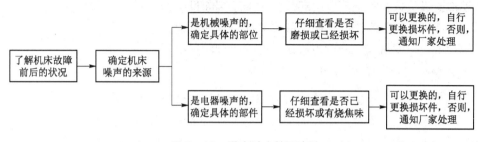

图2-11　噪声过大处理方法

【任务实施】

一、实施方案

1. 组织方式

①采用理实一体化的教学方式组织教学，首先将学生分为若干组，在理实一体化教室进行理论部分学习，采用讲授法、观摩法、讨论法等方法学习数控机床的故障分类、故障产生的原因、故障产生后的表现和现象，并教授如何正确处理方法。对安全维修操作进行重点讲解。

②对实践部分的学习，首先带学生到数控维修实训区域，利用模拟平台实际讲解已发生故障的部位或部件，并演示对机械部分的简单检测调整、一般参数修改、简单电气线路检测、液压气动压力调整及问题判断。而后分组在数控车间空余设备（非加工设备）处由学生进行相关操作。

2. 操作准备

①场地设施：理实一体化教室，数控维修实训区域。

②设备设施：数控模拟平台、数控车床、加工中心等实训设备。

③工具：数字式万用表、兆欧表、维修工具车、百分表（带表座）、游标卡尺、深度尺、塞尺和千分尺等。

二、操作步骤

1. 了解数控机床故障的产生原因和分类

①讲解数控机床机械故障常见现象。

②展示磨损后和损坏后机械零件的图片，如丝杠、轴承和齿轮等。

③讲解电器损坏造成的部分故障现象，并进行图片展示。

④讲解系统报警后产生的故障情况，并进行图片展示。

⑤展示一些其他原因造成故障的实例和图片，如液压气动、I/O部分和润滑部分等。

⑥讲解数控故障分类。

2. 学习正确判断故障的方法

①模拟或设置滚珠丝杠窜动引起故障并演示判断过程。

②模拟或设置外围电路问题引起故障并演示判断过程。

③模拟或设置数控系统问题引起故障并演示判断过程。

④模拟或设置伺服系统问题引起故障并演示判断过程。

⑤模拟或设置润滑部分问题引起故障并演示判断过程。

3. 学生实践性操作

①学生分组在预先设置好故障的数控车床上进行机械故障判断操作。

②学生分组在预先设置好故障的加工中心上进行系统故障判断操作。

③学生分组在预先设置好故障的加工中心上进行润滑故障判断操作。

4. 典型故障维修演示和学生实践性操作

①充分教授安全操作的相关知识（确保学生掌握相关安全操作知识）。

②在数控车床上演示调整 X 轴间隙过程，学生分组实践。

③在加工中心上演示系统电池更换过程，学生分组实践。

④在数控车床上演示 Z 轴驱动器更换过程，学生分组实践。

⑤在加工中心上演示润滑泵输出压力调整，学生分组实践。

任务 2　数控机床的润滑

【任务目标】

①学习和了解数控机床的润滑系统。

②掌握数控机床的正确润滑方法。

③掌握数控机床日常保养的具体内容和实施方法。

【任务准备】

一、数控机床润滑系统的概念

数控机床的润滑系统是数控机床中最重要的辅助机构，一般通过手动方式或自动方式实现对机械运动部件的润滑，从而实现降低机械运动阻滞和减少机械运动部件的磨损。图 2 - 12 所示为加工中心的自动润滑系统。

二、数控机床润滑系统的重要性

润滑系统是数控机床中必不可少的辅助机构，几乎所有数控机床都必须配备此系统，数控

图 2 - 12　加工中心的自动润滑系统

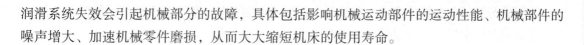

润滑系统失效会引起机械部分的故障，具体包括影响机械运动部件的运动性能、机械部件的噪声增大、加速机械零件磨损，从而大大缩短机床的使用寿命。

三、数控机床润滑系统的组成及部件作用

1. 数控机床的润滑系统的组成

数控机床的润滑系统主要由润滑油泵、滤油装置、压力控制油阀、润滑分油器、润滑油管（包括尼龙管、护套软管、铜管、铝管等）、润滑接头及一些相关的润滑配件等组成。图 2 – 13所示分别为手动润滑泵、自动润滑泵、分油器和润滑油管。

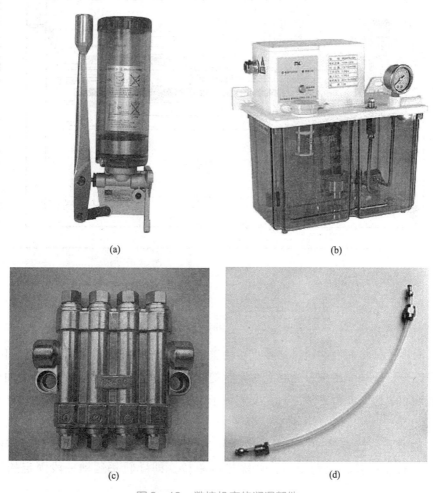

(a)　　　　　　　　　　　　　　　(b)

(c)　　　　　　　　　　　　　　　(d)

图 2 – 13　数控机床的润滑部件

（a）手动润滑泵；（b）自动润滑泵；（c）分油器；（d）润滑油管

2. 数控机床润滑系统部件的作用

数控机床润滑系统部件主要分为动力部件、控制部件和辅助部件等。

①润滑油泵主要提供压力润滑油，属于润滑系统中的动力部件。

②压力控制油阀主要是保证润滑部分的润滑油压，属于润滑系统中的控制部件。

③润滑分油器主要将润滑油分配到各个需要润滑的部位，属于润滑系统中的控制部件。

④滤油装置主要去除润滑油中的部分杂质，属于润滑系统中的辅助部件。

⑤润滑油管和润滑接头是输送压力润滑油的管路和连接件，属于润滑系统中的辅助装置。

润滑油主要作用于数控机床机械部件，如导轨面、滚珠丝杠部件、齿轮部件和运动轴承部件等，如图 2 - 14 所示。

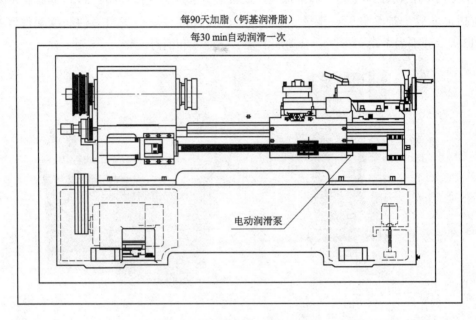

图 2 - 14　数控机床润滑示意图

3. 润滑方式

（1）消耗式润滑

消耗式润滑就是将润滑油通过油泵直接输送到所需润滑的部位，润滑油通过间隙供油方式供给润滑部分，使被润滑部分始终有一定量的润滑油起作用。使用后的润滑废油通过床身油槽流入废油收集区。此类润滑方式主要作用于数控机床的各个导轨面、滚珠丝杠和滚珠丝杠处的轴承。

间隙供油方式一般有两种：一种是以时间为间隙控制单位，即每隔一段固定的时间间隙供油，另一种是以导轨运动距离为间隙控制单位，即导轨每运动一段固定的距离间隙供油。

（2）循环式润滑

循环式润滑就是润滑油储存在一个箱体内，通过油泵或运动齿轮将润滑油通过管路或飞溅方式作用于所需润滑的部位。此类润滑方式一般是数控机床各箱体内运动部件的润滑手段。一般用于润滑各个齿轮、轴或箱内的轴承等。

循环润滑一般也分为通过油泵打油润滑和通过齿轮箱内齿轮运动飞溅润滑有两种形式。

四、润滑油品

1. 润滑油的主要作用

润滑油主要起到减摩抗磨、冷却、密封、抗腐蚀、防锈、应力分散缓冲、动能传递等作用。

2. 润滑油组成

润滑油是由基础油和添加剂两部分组成的，加入添加剂是为了改善润滑特征，取得最佳的润滑效果。

①基础油主要分为矿物基础油及合成基础油两大类。矿物基础油应用最广，约占95%。但有些应用场合则必须使用合成基础油调配的产品，因而使合成基础油得到迅速发展。矿物基础油由原油提炼而成，合成油通过化学合成方法取得。

②添加剂是近代高级润滑油的精髓，正确选用并合理加入，可改善其物理化学性质。一般常用的添加剂有黏度指数改进剂、氢点下降剂、抗氧化剂、清净分散剂、摩擦缓和剂、油性剂、极压剂、抗泡沫剂、金属钝化剂、乳化剂、防腐蚀剂、防锈剂、破乳化剂等。

机床上主要使用一般润滑油、液压油、导轨油和齿轮油四类，如图2-15所示。一般润滑油使用于非剧烈摩擦场合，如导轨防护板、挂轮和低速链条等。液压油一般使用在液压系统中。导轨油使用于导轨面、线轨面和滚珠丝杠副。齿轮油一般使用在齿轮箱体中。

图2-15 常用油品

五、数控机床的日常维护和保养

数控机床具有集机、电、液于一身的特点，是一种自动化程度高的先进设备。为了充分发挥其效益，减少故障的发生，必须做好日常维护保养工作，使数控系统少出故障，以延长系统的平均无故障时间。所以要求数控机床维护人员不仅要有机械、加工工艺及液压、气动方面的知识，还要具备电子计算机、自动控制、驱动及测量技术等方面的知识，这样才能全面了解、掌握数控机床，及时做好维护保养工作。表2-1列举了数控机床日常维护及保养的主要内容。

表2-1　数控机床日常维护及保养的主要内容

序号	检查周期	检查部位	检查要求
1	每天	导轨润滑油箱	检查油量，及时添加润滑油，润滑液压泵是否定时启动打油及停止
2	每天	主轴润滑恒温油箱	工作是否正常，油量是否充足，温度范围是否合适
3	每天	机床液压系统	油箱中有无异常噪声，工作油面高度是否合适，压力表指示是否正常，管路及各接头有无泄漏
4	每天	压缩空气气源压力	气动控制系统压力是否在正常范围之内
5	每天	导轨面	清除切屑和脏物，检查导轨面有无划伤损坏，润滑油是否充足
6	每天	各防护装置	机床防护罩是否齐全有效
7	每天	电器柜各散热通风装置	各电器柜中冷却风扇是否工作正常，风道过滤网有无堵塞，及时清洗过滤器
8	每周	各电器柜过滤网	清洗黏附的尘土
9	不定期	切削液箱	随时检查液面高度，及时添加切削液，太脏应及时更换
10	不定期	排屑器	经常清理切屑，检查有无卡住现象
11	半年	检查主轴驱动传动带	按说明书要求调整传动带松紧程度
12	半年	各轴导轨上镶条，压紧滚轮	按说明书要求调整松紧状态
13	一年	检查和更换电动机电刷	检查换向器表面，除去毛刺，吹净炭粉，及时更换磨损过多的电刷
14	一年	液压回路	清洗溢流阀、减压阀、过滤器、油箱，要更换过滤液压油
15	一年	主轴润滑恒温油箱	清洗过滤器、油箱，更换润滑油
16	一年	冷却液压泵过滤器	清洗冷却油池，更换过滤器
17	一年	滚珠丝杠	清洗丝杠上旧的润滑脂，涂上新油脂

主要的维护保养工作有：

①严格遵守操作规程和日常维护制度。数控系统的编程、操作和维修人员必须经过专门的技术培训，严格按机床和系统的使用说明书的要求正确、合理地操作机床，应尽量避免因操作不当引起的故障。

②操作人员在操作机床前必须确认主轴润滑油与导轨润滑油是否符合要求。如果润滑油不足，应按说明书的要求加入牌号、型号等合适的润滑油，并确认气压是否正确。

③防止灰尘进入数控装置内，如数控柜空气过滤器灰尘积累过多，会使柜内冷空气流通

不畅，引起柜内温度过高而使数控系统工作不稳定。因此，应根据周围环境温度状况，定期检查清扫。电器柜内电路板和元器件上有灰尘时，也得及时清扫。

④应每天检查数控装置上各个冷却风扇工作是否正常。视工作环境的状况，每半年或每季度检查一次过滤通风道是否有堵塞现象。如果滤网上灰尘积累过多，应及时清理，否则将导致数控装置内温度过高（一般温度为 55 ~ 60 ℃），致使 CNC 系统不能可靠地工作，甚至发生过热报警。

⑤伺服电动机的保养。对于数控机床的伺服电动机，要在 10 ~ 12 个月进行一次维护保养；加速或者减速变化频繁的机床要在两个月进行一次维护保养。维护保养的主要内容有：用干燥的压缩空气吹去电刷的粉尘，检查电刷的磨损状况，如需更换，需选用规格型号相同的电刷，更换后要空载运行一定时间，使其与换向器表面吻合。检查清扫电枢整流子，以防止短路。如果有测速电动机和脉冲编码器，也要进行定期检查和清扫。

⑥及时做好清洁保养工作。如空气过滤器的清扫、电器柜的清扫、印制线路板的清扫等。

⑦定期检查电器部件。检查各插头、插座、电缆、各继电器的触点是否出现接触不良、断线和短路等故障；检查各印制电路板是否干净；检查主电源变压器、各电动机的绝缘电阻是否符合要求。平时尽量少开电器柜门，以保持电器柜内清洁。

⑧经常监视数控系统的电网电压。数控系统允许的电网电压为额定值的 85% ~ 110%，如果超出此范围，轻则是数控系统不能稳定工作，重则会造成重要的电子元件损坏。因此，要经常注意电网电压的波动。对于电网质量比较恶劣的地区，应及时配置数控系统用的交流稳压装置，将使故障率有比较明显的降低。

⑨定期更换存储器用电池。数控系统中部分 CMOS 存储器中的存储内容在关机时靠电池供电保持。当电池电压降到一定值时，就会造成参数丢失。因此，要定期检查电池电压，更换电池时，一定要在数控系统通电状态下进行，这样才不会造成存储参数丢失，并做好数据备份。

⑩备用印制电路板长期不用容易出现故障，因此，应将数控机床中的备用电路板定期装到数控系统中充电运行一段时间，以防损坏。

⑪电器进行机床水平和机械精度检查并校正。机械精度的校正方法有软、硬两种。软方法主要是通过系统参数补偿，如螺丝杆反向间隙补偿、各坐标定位精度定点补偿、机床回参考点位置校正等；硬方法一般要在机床进行大修时进行，如进行导轨修刮、滚珠丝杠螺母预紧、调整反向间隙等，并适时对各坐标轴进行超程限位检查。

⑫长期不用数控机床的保养。在数控机床闲置不用时，应经常给数控系统通电，在机床锁住的情况下，使其空运行。在空气湿度较大的梅雨季节，应该天天通电，利用电器元件本身发热驱走数控柜内的潮气，以保证电子元器件的性能稳定可靠。

【任务实施】

一、实施方案

1. 组织方式

①采用理实一体化的教学方式组织教学，先将学生分为若干组，在理实一体化教室进行

讲解和部分实物的展示并学习相关知识，采用讲授法、观摩法、讨论法等方法学习数控机床的润滑概念、润滑系统的组成和作用，以及润滑油的相关知识。而后对数控机床日常保养相关内容和操作进行重点讲解。

②带学生到数控实训车间，分组，在空余设备（非加工设备）处根据实物讲解数控润滑系统和常用油品辨别。同时，通过教师示范让学生了解和掌握数控机床日常保养的操作，最终使学生会正确地做好数控机床的日常保养工作。

2. 操作准备

①场地设施：理实一体化教室。
②设备设施：数控机床、加工中心等实训设备。
③所需器材：润滑油、冷却液、干净抹布、油壶、油脂枪、必要工具等。

二、操作步骤

1. 了解数控机床润滑系统的组成及各部作用

①了解数控润滑相关概念。
②图片和实物展示数控机床润滑系统和各个部分元件。
③请学生讨论各个部分具体的作用。
④请学生通过讨论，自己简单设计一套数控机床润滑系统。

2. 润滑油部分学习

①讲解润滑油相关知识。
②图片和实物展示常用油品。
③请学生指认各个部位应使用何种油品。

3. 现场讲解和认识数控机床的润滑系统

4. 现场演示数控机床日常保养过程

①教师演示数控机床每日点检工作和每日保养工作。
②教师演示数控机床周期点检工作和周期保养工作。
③学生分组实践操作数控机床每日点检和保养工作。
④学生分组实践操作（部分操作）数控机床周期点检工作和保养工作。

【项目总结】

本项目主要学习了数控机床故障的概念、数控机床故障的分类、数控机床故障处置的原则，以及数控机床润滑系统的概念、数控润滑系统的组成和作用、数控机床日常维护与保养等内容。

一、数控机床故障分类

①按故障的起因分类，一般可以分为关联性故障和非关联性故障两类。
②按故障发生的状态分类，一般可以分为突发故障和渐变故障两类。
③按故障发生的部位分类，一般可以分为机械故障、系统故障、外围电路故障、液压气

动故障和辅助与外设部件故障共五类。

④按故障的表现形式分类，可以分为软故障和硬故障两类。

⑤按有无报警现象分类，可以分为有报警信息故障和无报警信息故障两类。

⑥按故障影响安全程度分类，可以分为危险性故障和非危险性故障两类。

⑦按故障发生的主因分类，可以分为软件故障和硬件故障两类。

二、数控机床故障诊断的步骤和方法

1. 故障诊断步骤

①判定故障真伪，确定是否是机床本身故障，排除程序原因、外部供电原因和外部干扰原因等造成的故障。

②判断故障主因，确定是软件故障还是硬件故障。

③判断故障部位，确定故障发生在机床的哪个部分，并找出相应的解决办法。

2. 故障诊断的方法

在诊断机床故障时，一般可以通过"望""闻""问""切""测"进行。

三、处理故障的原则

①安全原则。

②方法合理原则。

③经济、快速原则。

四、数控机床润滑系统的组成及部件作用

1. 数控机床的润滑系统的组成

数控机床的润滑系统主要由润滑油泵、滤油装置、压力控制油阀、润滑分油器、润滑油管（包括尼龙管、护套软管、铜管、铝管等）、润滑接头及一些相关的润滑配件等组成。

2. 数控机床润滑系统部件的作用

数控机床润滑系统部件主要分为动力部件、控制部件和辅助部件等。

①润滑油泵主要提供压力润滑油，属于润滑系统中的动力部件。

②压力控制油阀主要是保证润滑部分的润滑油压，属于润滑系统中的控制部件。

③润滑分油器主要将润滑油分配到各个需要润滑的部位，属于润滑系统中的控制部件。

④滤油装置主要去除润滑油中的部分杂质，属于润滑系统中的辅助部件。

⑤润滑油管和润滑接头是输送压力润滑油的管路和连接件，属于润滑系统中的辅助装置。

项目三 数控车床的编程技术训练

【项目提出】

数控车床是使用计算机数字技术控制的车床。它是通过将编制好的加工程序输入数控系统中，然后利用该程序控制数控车床横向和纵向坐标轴的伺服电动机来控制车床进给运动部件的动作、移动量和进给速度，最终完成零件的加工。通过本项目的学习，了解数控车床的坐标系，掌握工件坐标系的建立、常用准备功能指令和辅助功能指令及指令格式、外圆车削程序的编程、槽加工程序的编写、外三角螺纹加工程序的编写。如图 3-0 所示。

图 3-0　数控车床

【项目分析】

数控车床的加工离不开数控程序，而编程首先需要认识数控车床的坐标系，并建立工件坐标系。其次需要学习编程中所需要的编程指令和编程格式，并按照数控系统的要求编制出数控加工程序。数控车床程序的编制必须严格遵守相关标准，对于不同类型的工件，编写的程序格式也是不同的。

 【项目实施】

项目目标

 素养目标

①了解编程要求，养成良好的编程习惯。
②养成组员之间相互协作的习惯。
③培养学生认真、细致的学习态度。

 知识目标

①了解数控车床坐标系，以及工件坐标系的建立方法。
②初步掌握常用数控编程的准备功能指令和辅助功能指令。
③掌握外圆程序的编写步骤和锥度的计算方法。
④掌握切槽指令的格式。
⑤掌握外三角螺纹参数的相关计算和螺纹指令的格式。

 技能目标

①掌握工件坐标系的建立方法。
②掌握常用编程指令的编程格式。
③掌握外圆程序的编程方法。
④掌握切槽程序的编程方法。
⑤掌握外三角螺纹的编程方法。

项目任务

任务1：数控车床坐标系
任务2：数控车床编程指令
任务3：数控车削外圆的程序编写
任务4：数控车削槽的程序编写
任务5：数控车削外三角螺纹的程序编写

任务 1　数控车床坐标系

【任务目标】

①了解数控车床坐标系的类型。

②掌握数控车床工件坐标系的建立方法。

【任务准备】

一、数控车床坐标系的建立原则

在数控车床上加工零件，车床的动作是由数控系统发出的指令控制的。为了确定车床的运动方向和距离，就要在车床上建立一个坐标系，这个坐标系即为车床坐标系。

1. 假定工件静止，刀具相对于工件移动

数控车床的加工动作主要分为刀具动作和工件动作两部分。由于车床的结构不同，有的是刀具运动，工件固定不动；有的是工件运动，刀具固定不动。为了编程方便，永远假设工件固定，刀具运动。

2. 采用右手笛卡儿坐标系

图 3-1 所示为右手笛卡儿坐标系。右手拇指指向为 X 轴的正方向，食指指向为 Y 轴的正方向，中指指向为 Z 轴的正方向。在确定了 X、Y、Z 轴的基础上，根据右手螺旋定则，可以很方便地确定 A、B、C 三个旋转坐标轴的方向。

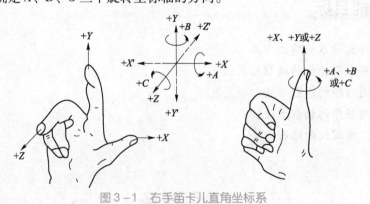

图 3-1　右手笛卡儿直角坐标系

3. 确定坐标系

以增大刀具和工件间距离的方向为坐标轴的正方向；反之，为负方向。

二、数控车床坐标轴的规定

确定车床坐标轴时，一般先确定 Z 轴，然后确定 X 轴和 Y 轴。

1. Z 轴

规定平行于主轴轴线（即传递切削动力的主轴轴线）的坐标轴为 Z 轴。对车床而言，工件由主轴带动作为主运动，则 Z 轴与主轴旋转中心重合，平行于车床导轨。

2. X 轴

X 轴在工件的径向上，且平行于车床的横导轨。

根据右手法则，Y 轴的方向应该垂直指向地面，而编程中不涉及 Y 轴坐标，所以就没有标出 Y 轴方向。

在数控车床中，有前置刀架和后置刀架两种，不同的刀架坐标轴中，X 轴的方向也不同。一般假定工件位置相对不变，则刀具远离工件的方向为正。图 3 - 2 所示为前置刀架的数控车床的坐标系。

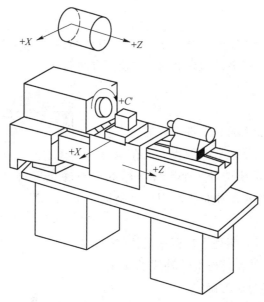

图 3 - 2　前置刀架数控车床的坐标系

三、车床坐标系

1. 车床原点

车床原点（又称机械原点）即车床坐标系的原点，是车床上的一个固定点，其位置是由机床设计和制造单位确定的，通常不允许用户改变。数控车床的机床原点一般为主轴回转中心与卡盘后端面的交点，如图 3 - 3 所示。

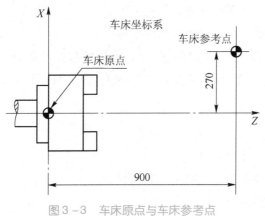

图 3 - 3　车床原点与车床参考点

2. 车床参考点

车床参考点是由车床制造厂家定义的一个点，它与车床原点的坐标位置关系是固定的，如图 3 - 3 所示。

车床启动时，通常要进行机动或手动回零，就是回到车床参考点，数控车床的车床参考点一般在直线坐标回到正向的极限位置。

数控车床开机后首先要进行回参考点的操作，也称回零。完成了返回参考点的操作后，刀架运动到车床参考点，即建立了车床坐标系。

3. 工件原点

工件原点就是工件坐标系的原点，是由编程人员设置在工件坐标系上的一个基准位置。选择工件原点时，最好选择零件图样上的尺寸换算方便的点。

四、工件坐标系

在数控车床上进行加工时，工件可以通过卡盘夹持于机床坐标系下的任意位置。编程人员在编写零件的加工程序时，通常要选择一个工件坐标系，也称为编程坐标系，程序中的坐标值均以工件坐标系为依据。

工件坐标系的原点可由编程人员根据具体情况确定，一般选定为工件右端面与主轴轴线的交点，如图 3 - 4 所示。一般通过对刀确定。

注意车床坐标系与工件坐标系的区别，注意车床原点、车床参考点和工件原点的区别。

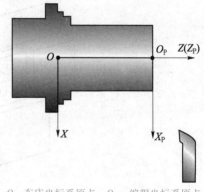

O—车床坐标系原点；O_P—编程坐标系原点。

图 3 - 4　车床坐标系和工件坐标系

【任务实施】

一、实施方案

1. 组织方式

①将学生分为六组，在理实一体化教室采用讲授法、观摩法、讨论法等方法学习数控车床的组成、各部分的功能，了解数控车床的坐标系。

②带学生到数控实训车间，每四人一组，先后到数控车床指定位置，识别数控车床的车床坐标系、车床原点、车床参考点、工件坐标系及编程原点，并确定各坐标轴和正方向。

2. 操作准备

①场地设施：理实一体化教室。

②设备设施：多媒体设备、数控车床实训设备。

③耗材：毛坯、干净抹布。

二、操作步骤

（一）判断卧式数控车床的坐标系

①认识不同类型的卧式数控车床。

②判断图 3 - 5（a）和图 3 - 5（b）中所示的坐标轴及方向。

③判断车床原点和车床参考点的位置。

④以手动或手摇方式移动刀架，掌握车床坐标轴及方向。

(a)　　　　　　　　　　　　　　　(b)

图 3 - 5　卧式数控车床

（二）判断立式数控车床的坐标系

①认识立式数控车床。

②判断图 3 - 6 所示立式数控车床的坐标轴及方向。

③判断车床原点和车床参考点的位置。

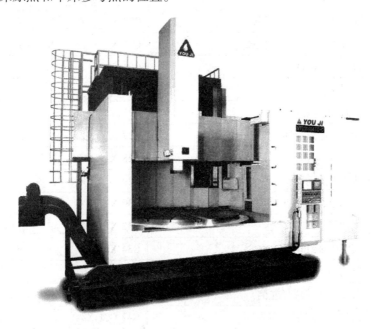

图 3 - 6　立式数控车床

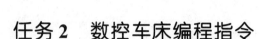

任务2　数控车床编程指令

【任务目标】

①掌握常用的准备功能指令及其指令格式。
②掌握常用的辅助功能指令及其指令格式。

【任务准备】

一、数控车床常用术语及指令代码

数控加工程序由指令组成的，指令可分为五大功能：准备功能（G指令）、辅助功能（M指令）、刀具功能（T指令）、主轴功能（S指令）及进给功能（F指令）。

1. 准备功能

准备功能G又称为"G功能"或"G代码"，是由地址字和后面的两位数字来表示的。它用来规定刀具和工件的相对运动轨迹、车床坐标系、坐标平面、刀具补偿、坐标偏置等多种加工操作。准备功能代码见表3-1。

表3-1　准备功能代码

代码	组别	功能	程序格式及说明
G00	01	定位（快速移动）	G00 X___ Z___;
G01		直线插补	G01 X___ Z___ F___;
G02		顺时针（CW）切圆弧	G02 X___ Z___ R___ F___;
G03		逆时针（CCW）切圆弧	G03 X___ Z___ R___ F___;
G04	00	暂停（Dwell）	G04 P___　（单位ms）;
G20	06	英制输入	G20;
G21		公制毫米输入	G21;
G27	00	检查参考点返回	G27 X___ Z___;
G28		返回参考点	G28 X___ Z___;
G29		从参考点返回	G29 X___ Z___;
G30		回到第二参考点	G30 X___ Z___;
G32	01	螺纹切削	G32 X___ Z___ F___;　（F为螺距）
G34		变螺距螺纹切削	G34 X___ Z___ F___ K___;
G40	07	取消刀尖半径偏置	G40;
G41		刀尖半径偏置（左侧）	G41 G01 X___ Z___ F___;
G42		刀尖半径偏置（右侧）	G42 G01 X___ Z___ F___;

续表

代码	组别	功能	程序格式及说明
G50	00	设定坐标系；设置主轴最大的转速	G50 X ___ Z ___ 或 G50 S ___ （最高转速）；
G52		设置局部坐标系	G52 X ___ Z ___ ；
G53		选择车床坐标系	G53 X ___ Z ___ ；
G54	14	坐标系设定 1	G54；
G55		坐标系设定 2	G55；
G56		坐标系设定 3	G56；
G57		坐标系设定 4	G57；
G58		坐标系设定 5	G58；
G59		坐标系设定 6	G59；
G70	00	精加工循环	G70 P ___ Q ___ ；
G71		内外径粗切循环	G71 U ___ R ___ ； G71 P ___ Q ___ U ___ W ___ F ___ ；
G72		端面粗切循环	G72 W ___ R ___ ； G72 P ___ Q ___ U ___ W ___ F ___ ；
G73		成形重复循环	G73 U ___ W ___ R ___ ； G73 P ___ Q ___ U ___ W ___ F ___ ；
G74		端面深孔钻削循环	G74 R ___ ； G74 X(U) ___ Z(W) ___ P ___ Q ___ R ___ F ___ ；
G75		外圆切槽循环	G75 R ___ ； G74 X(U) ___ Z(W) ___ P ___ Q ___ R ___ F ___ ；
G76		螺纹切削复合循环	G76 P ___ Q ___ R ___ ； G76 X(U) ___ Z(W) ___ R ___ P ___ Q ___ F ___ ；
G90	01	单一形状内、外圆切削循环	G90 X ___ Z ___ F ___ ； G90 X ___ Z ___ R ___ F ___ ；
G92		螺纹切削循环	G92 X ___ Z ___ F ___ ； G92 X ___ Z ___ R ___ F ___ ；
G94		端面切削循环	G94 X ___ Z ___ F ___ ； G94 X ___ Z ___ R ___ F ___ ；
G96	02	恒线速度控制	G96 S100 （100 m/min）；
G97		取消恒线速度控制	G97 S800 （800 r/min）；
G98	05	每分钟进给	G98 F100 （100 mm/min）；
G99		每转进给	G99 F0.2 （0.2 mm/r）；

说明：表中 00 组的 G 功能为非模态 G 代码，其余组为模态 G 代码。

2. 辅助功能

辅助功能也称 M 功能，它由地址符 M 和后面的两位数字组成。辅助功能主要控制车床或系统的各种辅助动作，如车床或系统的电源开、关，冷却液的开、关，主轴的正转、反转、停及程序的结束等。辅助功能代码见表 3 – 2。

表 3 – 2　辅助功能代码

代码	含义	格式
M00	当执行到 M00 指令时，将暂停当前程序，若欲继续执行后续程序，则重按面板上"循环启动"按钮	M00;
M01	选择停止，与 M00 的功能基本相似，只是要按亮面板上的"选择停"按钮才有效	M01;
M02	当执行到 M02 指令时，程序结束	M02;
M03	主轴正转（顺时针方向转动）	M03 S ___;
M04	主轴反转（逆时针方向转动）	M04 S ___;
M05	主轴停止转动	M05;
M08	切削液开	M08;
M09	切削液关	M09;
M30	与 M02 功能基本相同，只是 M30 指令使程序结束的同时并使控制返回到程序的开头	M30;
M98	子程序调用	M98 P ___ L ___;
M99	子程序结束	M99;

3. 主轴功能

主轴功能 S 用于控制主轴转速，其后的数字表示主轴转速，如 S500，单位为转/分（r/min）。在使用恒线速功能时（G96 为恒线速度切削，G97 为取消恒线速度切削），单位为米/分（m/min）。S 为模态指令。

S 所编程的主轴转速还可以借助车床操作面板上的主轴倍率开关进行修调。

4. 刀具功能

刀具功能也称 T 功能，主要用来选择刀具。它由地址符和其后的数字组成，其后的 4 位数字分别表示选择的刀具号和刀具补偿号。T0101 表示选择 1 号刀及刀具补偿值。T0000 表示取消刀具选择及刀补选择。

5. 进给功能

进给功能也称 F 功能，表示坐标轴的进给速度，它的单位取决于 G98 或 G99 指令。

G98　每分钟进给，单位 mm/min；

G99　每转进给，单位 mm/r。

F 指令也是模态指令。在 G01、G02、G03 方式下，F 值一直有效，直到被新 F 值取代或被 G00 指令注销。G00 指令工作方式下的快速定位速度是各轴的最高速度，由系统参数确定，与编程无关。

二、数控加工程序的格式及组成

1. 程序的结构

一个零件程序是一组被传送到数控装置中的指令和数据，它由遵守一定结构句法和格式规则的若干个程序段组成，而每个程序段又由若干个指令字组成。见表 3 - 3。

表 3 - 3 程序的结构

说明		程序
程序号		O0001
程序内容	程序段	N10 G00 X100 Z100；
	程序段	N20 M03 S500；
	程序段	N30 T0101；
	程序段	N40 G00 X32Z5；
	程序段	N40 G01 X28 F0.2；
	程序段	N50 Z - 20；
	程序段	N60 … ；
	程序段	…
程序结束		N100 M30；

一个完整的程序都是由程序号、程序内容和程序结束三部分组成的。

（1）程序号

程序号是程序的开始部分。为了区别于存储器中的程序，每个程序都要有程序编号，在编号前采用程序编号地址码。在 FANUC 系统中，采用英文字母"O"作为程序编号地址。

（2）程序内容

程序内容是整个程序的核心，由许多程序段组成，每个程序段由一个或多个指令组成，表示数控机床要完成的全部动作。

（3）程序结束

以 M02 或 M30 作为整个程序结束符号。其位于程序的最后一行。

2. 程序段的格式

一个程序段定义一个将由数控装置执行的指令行。程序段的格式定义了每个程序段中功能字的句法，如图 3 - 7 所示。

3. 程序指令字的格式

一个指令字是由地址符（指令字符）和带符号（如定义尺寸的字）或不带符号的数字组成的。程序中不同的指令字符及其后面的数值确定了每个指令字符的含义，见表 3 - 4。

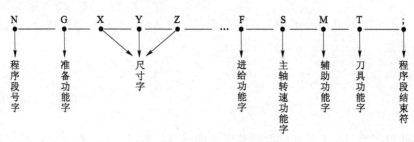

图 3-7 程序段的格式

表 3-4 指令字符及其含义

功能	地址字母	含义
零件程序号	O	程序编号（0~9 999）
程序段号	N	程序段号（N0~N…）
准备功能	G	指令动作方式
尺寸字	X，Y，Z，U，V，W，A，B，C	坐标轴的移动
	R	圆弧半径、固定循环参数
	I，J，K	圆弧终点坐标
进给功能	F	进给速度指定
主轴功能	S	主轴旋转速度
刀具功能	T	刀具编号选择
辅助功能	M	机床开、关及控制
暂停	P，X	暂停时间
程序号指定	P	子程序号指定
重复次数	L	子程序重复次数
参数	P，Q，R，U，W，I，K，C，A	车削复合循环参数
倒角控制	C，R	自动倒角参数

三、常用准备指令及其功能

1. 快速定位 G00

G00 指令命令刀具以机床规定的速度（快速）从所在位置移动到目标点，移动速度由机床系统设定，无须在程序段中指定。

指令格式：

G00 X(U)___ Z(W)___；

其中，X，Z——终点的绝对坐标；

　　　U，W——终点的增量坐标。

例如：G00 X60 Z100；刀具快速移动到点（100，60）位置。

说明：

①用 G00 指令快速移动时，地址 F 下编程的进给速度无效。

②G00 为模态有效代码，一经使用，持续有效，直到被同组 G 代码（G01、G02、G03、…）取代为止。

③使用 G00 指令时，刀具运动速度快，容易撞刀，使用在退刀及空行程场合，能减少运动时间，提高效率。

④使用 G00 指令时，目标点不能设置在工件上，一般应离工件 2～5 mm 的安全距离，也不能在移动过程中碰到车床、夹具等，如图 3－8 所示。

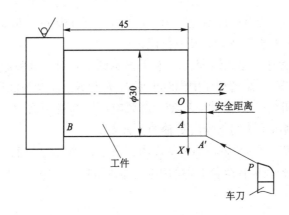

图 3－8　刀具快速移动时安全距离

2. 直线插补 G01

G01 指令命令机床刀具以进给功能 F 下编程的进给速度沿直线从起始点移动到指令给出的加工目标点。

指令格式：

G01 X(U) ___ Z(W) ___ F ___；

其中，X，Z——直线插补终点绝对坐标；

　　　U，W——终点增量坐标；

　　　F——直线插补时的进给速度，单位一般为毫米/转（mm/r）。

例如，如图 3－8 所示，刀具起始点为 P 点，车削 ϕ30 外圆。

刀具从 P 点只能快速移动到 A′点，坐标为（4，30），Z 方向留安全距离，然后直线加工到 B 点，B 点坐标为（－45，30）。

加工程序：

N10 G00 X30 Z4；

N20 G01 X30 Z－45 F0.2；

说明：

①G01 用于直线切削加工，必须给定刀具进给速度，且程序中只能指定一个进给速度。

②G01 为模态有效代码，一经使用，持续有效，直到被同组 G 代码（G00、G02、G03、…）取代为止。

③刀具接近工件或退刀时，用此指令则运动时间长，效率低。

3. 圆弧插补 G02/G03

指令格式：
$$\begin{cases} G02/G03 \ X(U) \underline{\quad} \ Z(W) \underline{\quad} \ I \underline{\quad} \ K \underline{\quad} \ F \underline{\quad} ; \\ G02/G03 \ X(U) \underline{\quad} \ Z(W) \underline{\quad} \ R \underline{\quad} \ F \underline{\quad} ; \end{cases}$$

其中，G02——顺时针圆弧插补；

G03——逆时针圆弧插补；

X，Z——圆弧的终点绝对坐标；

U，W——终点的增量坐标；

F——进给量；

R——圆弧半径，当圆弧的对应的圆心角小于等于180°时，R取正值；当圆弧的对应的圆心角大于180°时，R取负值；

无论采用绝对编程还是增量编程，I，K都表示圆心相对于圆弧起点的坐标增量（圆弧圆心坐标减圆弧起点坐标）。若程序中同时出现 I、K 和 R，以 R 为优先，I、K 无效。

圆弧插补指令可指令刀具沿圆弧移动，圆弧有顺圆与逆圆之分。对于数控车床，根据 X、Z 轴的正方向，用右手法则判断出 Y 轴的正方向。

圆弧插补 G02/G03 的判断是在加工平面内，根据其插补时的旋转方向为顺时针/逆时针来区分的。加工平面为观察者迎着 Y 轴的指向所面对的平面。图 3-9 所示为 G02 和 G03 的插补方向。

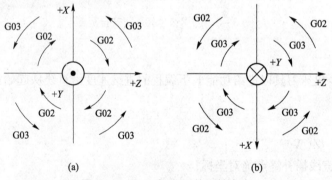

图 3-9 G02 和 G03 的插补方向

(a) 后置刀架；(b) 前置刀架

判断方法：在加工平面内，从第三轴（Y 轴）的正方向往负方向看，刀尖走过的圆弧是顺时针的，就是 G02，逆时针的就是 G03。

判别步骤：

①首先判断第三轴（Y 轴）的正方向；

②然后从 Y 轴的正向往负向观察圆弧；

③加工圆弧从起点到终点为顺时针旋转的，用 G02 指令；反之，用 G03 指令。

例如：零件如图 3-10 所示，判别圆弧插补方向。

图 3-10（a）采用后置刀架，建立 ZX 坐标系（X 轴正方向向上），从外往里看，顺时针方向用 G02，逆时针方向用 G03。

图 3-10（b）采用前置刀架，建立 ZX 坐标系（X 轴正方向向下），从里往外看，顺时针用 G02，逆时针用 G03。

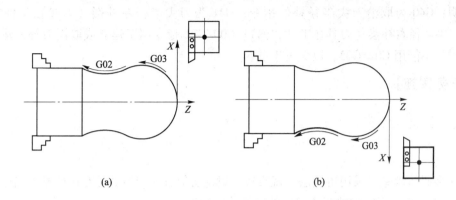

图 3-10 G02 和 G03 插补方向

（a）后置刀架；（b）前置刀架

4. 暂停指令 G04

格式：G04 P(X) ___;

说明：时间延时指令。程序在执行到某一段后，需要暂停一段时间，这时就可以用 G04 指令使程序暂停。当暂停一段时间后，继续执行下一段程序。暂停时间由 P 后的数值决定。

P 为暂停时间，单位 s；X 单位为 ms。

G04 为非模态指令，且不能指定进给速度。

5. 尺寸单位选择 G20、G21

格式：G20、G21

说明：G20 为英制单位输入，单位：in；G21 为公制单位输入，单位：mm。G20、G21 为模态指令。规定执行该程序时单位为尺寸，缺省值由机床系统内部来确定。

6. 自动返回参考点 G28

格式：G28 X ___ Z ___;

说明：快速定位到中间点，然后从中间点返回参考点。X、Z 为回参考点时，经过的中间点坐标。G28 指令仅在其被规定的程序段有效。

注意：执行指令前应取消刀尖半径补偿，同时注意刀架所在位置，防止由于快速移动而发生碰撞。G28 程序段中，不仅产生坐标轴移动，还记忆了中间点坐标供 G29 使用。

7. 自动从参考点返回 G29

格式：G29 X ___ Z ___;

说明：X、Z 为返回的定位点坐标，它可使所有编程轴以快速进给经过 G28 设定的中间点，然后到达指定点。G29 指令通常紧跟在 G28 指令后，仅在其被规定的程序段中有效。

8. 螺纹加工指令 G32

格式：G32 X ___ Z ___ F ___;

说明：用于螺纹车削。其中，X、Z 为螺纹终点坐标；F 为螺纹导程，单线螺纹为螺距。

9. 刀尖半径补偿指令 G40、G41、G42

格式：G40/G41/G42　G00/G01　X ___ Z ___ D ___ F ___;

说明：G40 为取消刀尖半径补偿指令；G41 为刀尖半径左补偿（刀具在工件左侧）；G42 为刀尖半径右补偿（刀具在工件右侧）；G00/G01 指令用于建立或取消刀补，建立和取消补偿时，不能用 G02/G03，以免发生过切。

【任务实施】

一、实施方案

1. 组织方式

①在多媒体教室，采用讲授法、观摩法、讨论法等方法学习数控车床的基本指令、常用 G 指令和 M 指令，了解数控车床程序编制的基础知识。

②带学生到数控仿真实训室，每人一台电脑，根据任务和所学知识编制简单程序，并利用仿真软件检验程序的正确性。掌握常用 G 指令和 M 指令的格式。

2. 操作准备

①场地设施：多媒体教室、仿真实训室。
②设备设施：多媒体设备、电脑、仿真软件。

二、操作步骤

利用常用 G 指令和 M 指令编制图 3 – 11 所示加工程序。

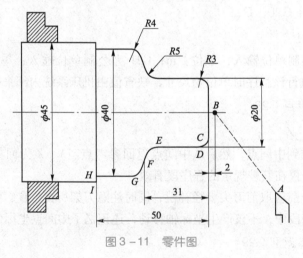

图 3 – 11 零件图

①确定工件坐标系原点；
②确定编制程序需要的指令；
③确定每个指令的格式；
④判断圆弧的方向；
⑤编制轮廓程序。

注意：

①工件坐标系原点在工件右端面中心。

②编程需要的 G 指令包括 G00、G01、G02 和 G03，M 指令包括 M03、M05 和 M30，以

及 T 指令、F 指令和 S 指令。

③指令格式：

G00 X(U)＿＿Z(W)＿＿；

G01 X(U)＿＿Z(W)＿＿F＿＿；

G02／G03 X(U)＿＿Z(W)＿＿R＿＿F＿＿；

④R3 圆弧和 R4 圆弧是逆时针圆弧，R5 圆弧是顺时针圆弧。

⑤轮廓程序。

…

N30　G00 X0 Z2；

N40　G01 Z0；

N50　X14；

N60　G03 X20 Z－3 R3；

N70　G01 Z－26；

N80　G02 X30 Z－31 R5；

N90　G01 X32；

N100 G03 X40 Z－35 R4；

N110 G01 Z－50；

N120 G00 X100 Z100；

任务3　数控车削外圆的程序编写

【任务目标】

①掌握数控车床程序的组成及编写步骤。

②掌握锥度的计算方法。

③掌握外圆加工常用指令及程序的编写方法。

【任务准备】

一、圆锥面各部分尺寸计算

图 3－12 所示为锥面各部分尺寸示意图。圆锥面的锥度 C 为圆锥大、小端直径之差与长度之比，即 $C=(D-d)/L$，圆锥半角 $\alpha/2$ 与锥度的关系为

$$\tan\frac{\alpha}{2}=\frac{C}{2}$$

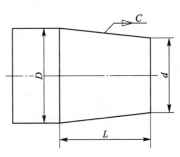

图 3－12　锥面各部分尺寸

例：求图 3－13 所示圆锥面小端直径 d 和圆锥半角 $\alpha/2$。

解：将各已知参数代入公式得

$$d = D - C \times L = 40 - 40 \times 1/5 = 32 \quad (\text{mm})$$

$$\tan\frac{\alpha}{2} = \frac{C}{2} = \left(\frac{1}{5}\right)\Big/2 = 0.1$$

查三角函数表得 $\alpha/2 = 5°42'38''$。

即圆锥面小端直径 d 等于 32 mm，圆锥半角 $\alpha/2$ 为 $5°42'38''$。

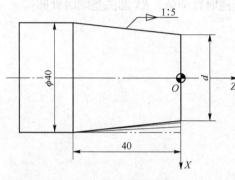

图 3 – 13　锥度计算

二、常用外圆加工指令

1. 单一形状固定循环 G90

指令格式：

G90 X(U)＿＿Z(W)＿＿R＿F＿；

指令说明：

X(U)、Z(W)——终点坐标；

R——锥度，切削圆锥时使用；切削圆柱面时，R 省略不用。R 的计算方法是圆锥起点半径与终点半径之差，有正负之分。

循环过程：

①X 轴从起点快速移动到切削起点；

②从切削起点直线插补（切削进给）到切削终点；

③X 轴以切削进给速度退刀（与①方向相反），返回到 X 轴绝对坐标与起点相同处；

④Z 轴快速移动返回到起点，循环结束。

指令的运动轨迹如图 3 – 14 所示。其中，AB 表示快速进刀；BC 表示车削进给；CD 表示退刀；DA 表示快速返回。

加工圆锥面时，R 代表被加工锥面的大小端直径差的 1/2，即表示单边量锥度差值。对外径车削，锥度左大右小，R 值为负；反之，为正。对内孔车削，锥度左小右大，R 值为正；反之，为负。

2. 外圆（内孔）粗车复合固定循环指令（G71）

指令格式：

G71 U($\triangle$d) R(e)；

G71 P(ns) Q(nf) U($\triangle$u) W($\triangle$w) F(f) S(s) T(t)；

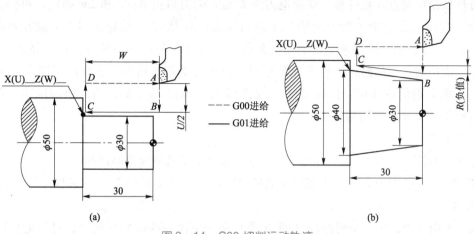

图 3 – 14   G90 切削运动轨迹

（a）圆柱面切削轨迹；（b）圆锥面切削轨迹

其中，Δd——切削深度（半径指定），不指定正负符号，切削方向由 AA' 的方向决定，为模态值，在另一个值指定前不会改变；

e——退刀量，其值为模态值；

ns——精加工形状程序的第一个段号；

nf——精加工形状程序的最后一个段号，ns、nf 之间的程序段用于描述精加工轨迹；

Δu——X 轴方向精加工预留量的大小及方向，一般用直径值表示，该加工余量具有方向性，当数值为正时，为外圆加工，当数值为负时，表示孔的加工；

Δw—— Z 轴方向精加工预留量的大小及方向。

f，s，t——粗加工循环中的进给速度、主轴转速和刀具功能。

指令功能及循环轨迹：

G71 指令适用于切除棒料毛坯的大部分加工余量。G71 粗车循环的运动轨迹如图 3 – 15 所示。

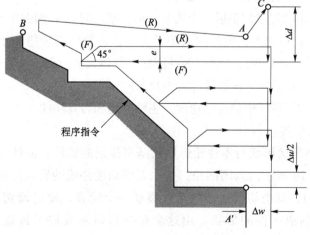

（F）—切削进给；（R）—快速移动。

图 3 – 15   G71 粗车循环过程

刀具从循环起点 A 点开始，快速退刀至 C 点，退刀量由 $\Delta u/2$ 和 Δw 确定，再快速沿 X 轴方向进刀 Δd，然后沿 Z 轴方向按 G01 进给切削；沿 45° 方向快速退刀（X 轴方向退刀量由 e 确定）；沿 Z 轴方向快速退刀至起点 Z 值处；再次沿 X 轴方向进刀（进刀量为 $e+\Delta d$）进行第二次切削；如此循环进行多次粗车后，再进行平行于精加工表面的半精车（刀具沿精加工表面分别预留 $\Delta u/2$ 和 Δw 的精加工余量）；半精车完成后，刀具快速退回至循环起点，再使用 G70 指令进行精加工。

指令说明

①使用 G71 时，零件沿 X 轴的外形尺寸必须是单调递增或单调递减。

②G71 程序段中的 F、S、T 在粗车循环时有效，精加工时处于 $ns \sim nf$ 程序段之间的 F、S、T 有效。

③G71 指令中，第一个程序段（即 ns 段）必须包含 G00 或 G01 指令，且不能出现 Z 坐标值，否则系统会出现报警。

④在粗车循环过程中，刀尖半径补偿功能无效。

⑤G71 指令循环之前的定位点必须在毛坯以外，并且靠近工件毛坯，在指令运行时，即从该点起开始粗加工零件。

⑥G70 精车循环之前的定位点必须在毛坯以外，该点是精加工结束后的退刀点，若小于毛坯，将会产生撞刀。

3. 成形车削固定循环指令（G73）

指令格式：

G73 U(Δi) W(Δk) R(d)；

G73 P(ns) Q(nf) U(Δu) W(Δw) F(f) S(s) T(t)；

其中，Δi——X 轴方向粗车总余量（半径值）；

Δk——Z 轴方向粗车总余量，一般为 0，可省略；

d——粗加工循环总次数；

ns——精加工形状程序的第一个段号；

nf——精加工形状程序的最后一个段号，ns、nf 之间的程序段用于描述精加工轨迹；

Δu——X 轴方向精加工预留量的大小及方向，一般用直径值表示，该加工余量具有方向性，当数值为正时，为外圆加工，当数值为负时，表示孔的加工；

Δw——Z 轴方向精加工预留量的大小及方向；

f, s, t——粗加工循环中的进给速度、主轴转速和刀具功能。

指令功能及循环轨迹：

G73 适用于毛坯轮廓形状与零件轮廓形状基本接近的铸件、锻件毛坯。G73 粗车循环的运动轨迹如图 3-16 所示的封闭回路，每一刀的切削路线的轨迹形状是相同的，只是位置不同。每走完一刀，就把切削轨迹向工件移动一个位置，使封闭切削回路逐渐向零件形状靠近，最终切削成工件的形状。用这个指令可以高效加工铸造、锻造等粗加工中已初步成形的毛坯。也通常用于加工尺寸非单调递增或递减的、无法用 G71 指令加工的工件。

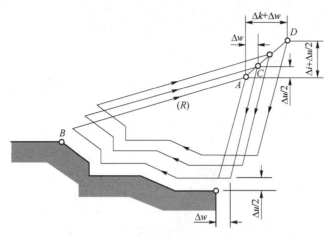

图 3 – 16　G73 粗车循环过程

指令说明：

①X 轴方向和 Z 轴方向的精车余量 Δu 与 Δw 的正负号确定方法与 G71 指令的相同。

②G73 程序段中的 F、S、T 在粗车循环时有效，精加工时处于 $ns \sim nf$ 程序段之间的 F、S、T 有效。

③在粗车循环过程中，刀尖半径补偿功能无效。

④与 G71、G72 指令一样，在 G73 指令完成零件的粗车加工之后，用 G70 指令进行精加工，切除粗车循环中留下的余量。

⑤G73 指令循环之前的定位点必须在毛坯以外，起刀点由系统根据 G73 所设置的参数和零件轮廓大小计算后自动调整。

4. 端面粗车复合固定循环（G72）

指令格式：

G72 W($\triangle$d) R(e)；

G72 P(ns) Q(nf) U($\triangle$u) W($\triangle$w) F(f) S(s) T(t)；

其中，Δd——Z 轴方向背吃刀量，不带符号，其值为模态值；G72 中的 Δd 切入方向与 G71 中的不一样，G72 是沿 Z 轴方向移动切深的，而 G71 是沿 X 轴方向进给切深的；

　　　e——退刀量，其值为模态值；

　　　ns——精加工形状程序的第一个段号；

　　　nf——精加工形状程序的最后一个段号，ns、nf 之间的程序段用于描述精加工轨迹；

　　　Δu——X 轴方向精加工预留量的大小及方向，一般用直径值表示，该加工余量具有方向性，当数值为正时，为外圆加工，当数值为负时，表示孔的加工；

　　　Δw—— Z 轴方向精加工预留量的大小及方向；

　　　f，s，t——粗加工循环中的进给速度、主轴转速和刀具功能。

指令功能及循环轨迹：

G72 指令一般用于加工端面尺寸较大的零件，即所谓的盘类零件。在切削循环过程中，刀具是沿 Z 轴方向进刀的，平行于 X 轴切削，其轨迹如图 3 – 17 所示。

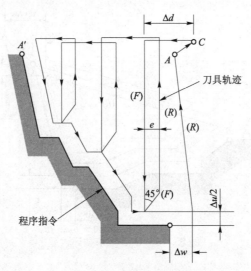

图 3-17　G72 粗车循环过程

刀具从循环起点 A 点开始，快速退刀至 C 点，退刀量由 $\Delta u/2$ 和 Δw 确定，再快速沿 Z 轴方向进刀 Δd，然后沿 X 轴方向按 G01 进给切削；沿 45°方向快速退刀（Z 轴方向退刀量由 e 确定）；沿 X 轴方向快速退刀至起点 X 值处；再次沿 Z 轴方向进刀（进刀量为 $e + \Delta d$）进行第二次切削；如此循环进行多次粗车后，再进行平行于精加工表面的半精车（刀具沿精加工表面分别预留 $\Delta u/2$ 和 Δw 的精加工余量）；半精车完成后，刀具快速退回至循环起点，再使用 G70 指令进行精加工。

指令说明：

①G72 程序段中的地址含义与 G71 的相同，但它只完成端面方向的粗车。

②G72 指令中，第一个程序段（即 ns 段）必须包含 G00 或 G01 指令，且不能出现 X 坐标值，否则系统会出现报警。

③G72 指令循环之前的定位点必须在毛坯以外，并且靠近工件毛坯，在指令运行时，即从该点起开始粗加工零件。

④G70 精车循环之前的定位点必须在毛坯以外，该点是精加工结束后的退刀点，若小于毛坯，将会产生撞刀。

5. 精车循环加工指令（G70）

G71、G72、G73 指令不进行精加工，当用 G71、G72、G73 指令粗车工件后，可用 G70 指令指定精车循环，切除粗车循环中留下的余量。

指令格式：

G70 P(ns)　Q(nf)；

ns：精加工形状程序的第一个段号。

nf：精加工形状程序的最后一个段号。

指令说明：

①在精车循环 G70 状态下，$ns \sim nf$ 程序段中指定的 F、S、T 有效。如果 $ns \sim nf$ 程序段中不指定 F、S、T，粗车循环中指定的 F、S、T 有效。

②执行 G70 循环时，刀具沿工件的实际轨迹进行切削，循环结束后刀具返回循环起点并读下一个程序段。

③G70 指令用在 G71、G72、G73 指令的程序内容之后，不能单独使用。

④G70 到 G71 中，$ns \sim nf$ 程序段不能调用子程序。

【任务实施】

一、实施方案

1. 组织方式

①在多媒体教室，采用讲授法、观摩法、讨论法等方法学习数控车床的循环指令及编程方法。

②带学生到数控仿真实训室，每人一台电脑，根据任务和所学知识编制轮廓程序，并利用仿真软件检验程序的正确性。掌握外轮廓程序的编制方法。

2. 操作准备

①场地设施：多媒体教室、仿真实训室。

②设备设施：多媒体设备、电脑、仿真软件。

二、操作步骤

①用 G90 指令编制图 3 – 18 所示圆锥面的加工程序。

加工程序见表 3 – 5。

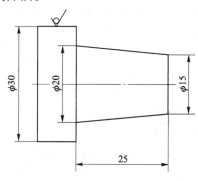

图 3 – 18　G90 外锥度加工示例

表 3 – 5　加工程序

程序	说明
O4004	程序号
N10 T0101;	选择刀具
N20 G0 X32. Z0.5 S500 M3;	刀具定位，主轴正转，转速 500 r/min
N30 G90 X26. Z – 25. R – 2.5 F0.15;	粗加工
N40 X22.;	
N50 X20.5;	留精加工余量，双边 0.5 mm
N60 G0 Z0 S800 M3;	
N70 G90 X20. Z – 25. R – 2.5 F0.1;	精加工
N80 G0 X100. Z100.;	退至安全点
N90 M5;	主轴停止
N100 M2;	程序结束

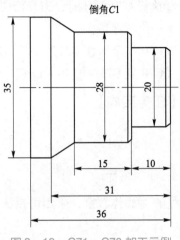

图 3 – 19 G71、G70 加工示例

提示：锥面精加工时，注意刀具起始位置的 Z 坐标应与实际锥度的起点 Z 坐标一致，否则加工出的锥度不正确；若刀具起始位置的 Z 坐标取值与实际锥度的起点 Z 坐标不一致，则应算出锥面轮廓延长线上对应所取 Z 坐标处与锥面终点处的实际直径差。

②用 G71、G70 指令编写如图 3 – 19 所示零件加工程序（毛坯 $\phi40$ mm × 60 mm）。

加工程序见表 3 – 6。

表 3 – 6　加工程序

程序	说明
O0001	程序号
N10 M03 S800 T0101；	主轴正转，调用 1 号刀
N20 G00 X40 Z5；	快速移动到循环起点
N30 G71 U2 R1；	内外径粗车复合循环指令
N40 G71 P50 Q140 U0. 6 F0. 2 S500；	P50：粗加工第一段程序号，Q140：粗加工最后一段程序号
N50 G00 X19；	进到循环起点
N60 G01 Z0；	
N70 G01 X20 Z – 1；	
N80 Z – 10；	
N90 X27；	
N100 X28 Z – 11；	描述精加工轮廓轨迹
N110 Z – 25；	
N120 X35 Z – 31；	
N130 Z – 36；	
N140 X40；	
N150 G70 P60 Q140 F0. 1；	执行精加工
N160 G00 X100 Z100；	将刀具移到换刀点位置
N170 M05；	主轴停
N180 M30；	程序结束并返回程序头

任务4　数控车削槽的程序编写

【任务目标】

①掌握槽加工的方法。

②掌握槽加工常用指令及程序的编写方法。

【任务准备】

一、槽的加工方法

对于宽度及深度都不大的简单槽类零件，可采用与槽等宽的刀具直接切入，一次成形的方法加工，如图 3－20 所示。刀具切入槽底后，使刀具做短暂停留，以修整槽底圆度。

对于宽度值不大但深度值较大的深槽零件，为了避免车削槽过程中由于排屑不畅，使刀具前部因压力过大而出现扎刀或折断刀具的现象，应采用分次进刀的方式，刀具在切入工件一定深度后，停止进刀并回退一段距离，以达到断屑和排屑的目的，如图 3－21 所示。同时，应注意尽量选择强度较大的刀具。

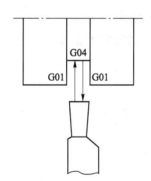

图 3－20　单槽加工方式

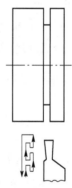

图 3－21　深槽加工方式

对于宽度和深度都比较大的槽，通常在车槽时采用排刀的方式进行粗车，然后用精车槽刀沿槽的一侧车至槽底，精加工槽底至槽的另一侧，再沿侧面退出，如图 3－22 所示。

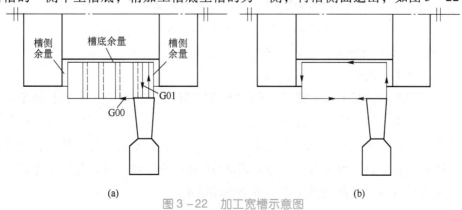

(a)　　　　　　　　　　　　　　　　　　　(b)

图 3－22　加工宽槽示意图

(a) 宽槽粗加工；(b) 宽槽精加工

二、槽加工常用指令

1. 直线插补指令 G01

在数控车床上加工槽，无论是外沟槽还是内沟槽，都可以采用 G00 和 G01 指令直接实现。指令书写格式如下：

G01 X ___ Z ___ F ___ ;

其中，X、Z——切削终点坐标；

F——进给量。

2. 延时指令 G04

格式：G04 X ___ ；

或 G04 U ___ ；

或 G04 P ___ ；

其中，X、U——延时时间，可用带小数点的数，单位为 s。

P——延时时间，不允许用带小数点的数，单位为 ms。

用 G04 指令可以车出圆整的槽底直径及台阶尖角需保留的部位。

3. 多重复合循环指令 G75

指令格式：

G75 R(e)；

G75 X(U) ___ Z(W) ___ P(Δi) Q(Δk) R(Δd) F(f)；

其中，e——退刀量，该值是模态值；

$X(U)$，$Z(W)$——沟槽加工终点处坐标值；

Δi——X 方向每次切削深度（该值用不带符号的值表示），单位为 μm（半径值）；

Δk——刀具完成一次径向切削后，在 Z 方向的移动量，单位为 μm；

Δd——刀具在切削底部的退刀量，d 的符号总是正值，通常不指定；

f——沟槽加工进给速度。

指令功能及循环轨迹：

指令的切削循环如图 3 – 23 所示。A 点为 G75 循环起点，A 点坐标根据沟槽的尺寸和位置来决定。在执行程序时，刀具快速到达 A 点，因此，A 点应在工件之外，以保证快速进给的安全。刀具从 A 点沿轴向切削进给，每次切深 Δi 便快速后退 e 值，直至切削到槽底。刀具到达槽底后退回到 A 点，沿径向移动 Δk 到新的位置，再执行切深循环，直至达到槽宽。完成切削后，刀具回到 A 点，整个循环结束。

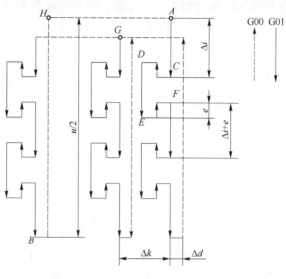

图 3－23　G75 切削循环

三、沟槽加工应注意的问题

①沟槽刀有左、右两个刀尖及切削中心三个刀位点，在整个加工程序中应采用同一个刀位点，一般采用左侧刀尖作为刀位点，对刀和编程都比较方便。

②沟槽加工过程中退刀路线应合理，沟槽加工后，应先沿径向退出刀具，再沿轴向退出刀具，以避免产生撞刀现象，如图 3－24 所示。

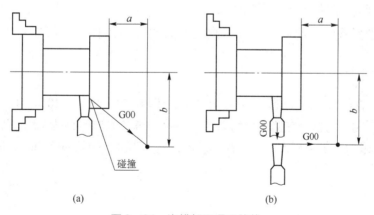

(a)　　　　　　　　　　　(b)

图 3－24　沟槽加工退刀路线

（a）产生碰撞；（b）避免碰撞

【任务实施】

一、实施方案

1. 组织方式

①在多媒体教室，采用讲授法、观摩法、讨论法等方法学习数控车床的切槽指令及编程方法。

②带学生到数控仿真实训室，每人一台电脑，根据任务和所学知识编制切槽程序，并利用仿真软件检验程序的正确性。掌握切槽程序的编制方法。

2. 操作准备

①场地设施：多媒体教室、仿真实训室。

②设备设施：多媒体设备、电脑、仿真软件。

二、操作步骤

完成图 3 – 25 所示的切槽程序。

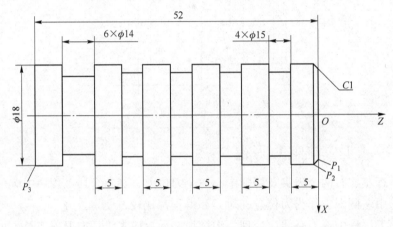

图 3 – 25 多槽加工

1. 建立工件坐标系

根据工件坐标系建立原则，工件原点设在右端面与工件轴心线交点上，如图 3 – 25 所示。

2. 计算基点坐标

车外圆采用直径编程，基点 P_1、P_2、P_3 坐标分别为（16，0）、（18，–1）、（18，–52）。

切槽、切断时，均选择左侧刀尖为刀位点，第一槽 Z 方向坐标为 –9，以后每个槽 Z 方向递减 9 mm，采用增量编程方式比较简单。外圆自 ϕ20 mm 切至 ϕ15 mm，用绝对编程方式比较简单。

3. 参考程序

（1）采用 G01 编程方法

O0010

N10 M3 S600；

N20 T0101；

N30 G00 X0 Z5；

N40 G01 Z0 F0.2；

N50 X16.4；

N60 Z – 1 X18.4；

N70 Z – 56；

N80　X22；

N90　G00 Z5；

N100 M3 S800；

N110 X0；

N120 G01 Z0 F0.1；

N130 X16；

N140 X18 Z－1；

N150 Z－56；

N160 X22；

N170 G00 Z200；

N180 X100；

N190 M0 M5；

N200 M3 S400；

N210 T0202；

N220 X20 Z－9；

N230 G01 U－5 W0 F0.08；

N240 G04 X2；

N250 G01 U5 W0；

N260 G00 U0 W－9；

N270 G01 U－5 W0；

N280 G04 X2；

N290 G01 U5 W0；

N300 G00 U0 W－9；

N310 G01 U－5 W0；

N320 G04 X2；

N330 G01 U5 W0；

N340 G00 U0 W－9；

N350 G01 U－5 W0；

N360 G04 X2；

N370 G01 U5 W0；

N380 G00 U0 W－9.2；

N390 G01 U－5.6 W0；

N400 G01 U5.6 W0；

N410 G00 U0 W－1.6；

N420 G01 U－5.6 W0；

N430 G01 U5.6 W0；

N440 G00 Z－45；

N450 M3 S500；

N460 G01 X14；

N470 Z – 47;

N480 X23;

N490 G00 Z – 56;

N500 G01 X0 F0.08;

N510 X20 F0.5;

N520 G00 X100 Z200;

N530 M30;

（2）采用 G75 编程

O0011

N10 M3 S600;

N20 T0101;

N30 G00 X24 Z – 9;

N40 G75 R0.5;

N50 G75 X15 Z – 36 P3000 Q9000 F0.05;

N60 G00 Z – 45;

N70 G75 R0.5;

N80 G75 X15 Z – 47 P3000 Q2000 F0.05;

N90 G00 X100 Z100;

N100 M30;

任务 5 数控车削外三角螺纹的程序编写

【任务目标】

①了解外三角螺纹的代号。

②掌握外三角螺纹的参数计算方法。

③掌握数控车床外螺纹加工常用指令及程序的编写方法。

【任务准备】

一、三角螺纹的代号标记

螺纹标记由螺纹代号、螺纹公差带代号和螺纹旋合长度代号三部分组成。

1. 螺纹代号

由螺纹特征的字母 M、公称直径、螺距和旋向组成。普通螺纹分为粗牙和细牙两种。粗牙普通螺纹用字母 M 及公称直径表示，如 M8 和 M16 等；细牙普通螺纹用字母 M 及公称直径×螺距表示，如 M10×1、M20×1.5 等。当螺纹为左旋时，在螺纹代号之后加"左"字或"LH"，如 M16LH、M16×1.5LH 等；对右旋螺纹，不需要标注旋向。

2. 具体表示方法

$$M24 \times 2 - 5g6g - S - LH$$

表示普通螺纹（M），公称直径为 24 mm，螺距为 2 mm（细牙），左旋，中径、顶径公差带代号分别为 5g、6g，短旋合长度。

注意：

①粗牙螺纹不标注螺距。

②右旋螺纹不用标注旋向，左旋时标注 LH。

③公差带代号应按顺序标注中径、顶径公差带代号。

④旋合长度为中等时，"N"可省略。

二、三角螺纹的参数

普通三角形螺纹的基本牙型如图 3－26 所示，各基本尺寸的名称如下。

D——内螺纹大径（公称直径）；

d——外螺纹大径（公称直径）；

D_2——内螺纹中径；

d_2——外螺纹中径；

D_1——内螺纹小径；

d_1——外螺纹小径；

P——螺距；

H——原始三角形高度。

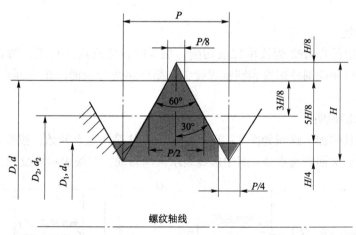

图 3－26 普通三角螺纹基本牙型

三角螺纹的基本尺寸有：

1. 牙型角 α

轴向剖面内螺纹两侧面的夹角。对于普通三角形螺纹，$\alpha = 60°$。

2. 螺距 P

它是沿轴线方向上相邻两牙间对应点的距离。

3. 导程 Ph

在同一条螺旋线上的相邻两牙在中径线上对应两点之间的轴向距离。

4. 牙型高度

外螺纹牙顶和内螺纹牙底均在 $H/8$ 处削平，外螺纹牙底和内螺纹牙顶均在 $H/4$ 处削平。
$h_1 = H - H/8 - H/4 = 5H/8 = 0.541\,3P$。

5. 大径

$d =$ 公称直径

6. 中径

$d_2 = d - 2 \times 3H/8 = d - 0.649\,5P$

7. 小径

$d_1 = d - 2 \times 5H/8 = d - 1.082\,5P$

三、常用螺纹加工指令

1. 螺纹切削固定循环 G92

（1）指令格式
G92 X（U）___ Z（W）___ R ___ F ___；
说明：
X（U）、Z（W）——终点坐标；
R——螺纹的锥度；
F——导程。

（2）指令功能
螺纹切削固定循环 G92 为简单螺纹切削，加工时按照直进法加工，适合小螺距螺纹的加工。该指令可以切削圆柱螺纹和圆锥螺纹，其循环路线与前面的单一固定形状循环相同，只是 F 表示导程。

（3）指令功能说明
螺纹循环的具体加工路线如图 3-27 所示。刀具从循环起点开始，按照 $A \rightarrow B \rightarrow C \rightarrow D$ 进行自动循环，最后又回到起点 A。图中虚线表示快速移动，实线表示螺纹加工轨迹。

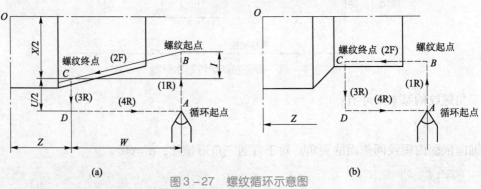

图 3-27　螺纹循环示意图

（a）圆锥螺纹循环；（b）圆柱螺纹循环

2. 螺纹切削复合循环指令 G76

（1）指令格式

G76 P（m）（r）（α）Q（△d_{min}）R（d）；

G76 X（U）Z（W）R（i）P（k）Q（△d）F（I）；

（2）指令功能

G76 螺纹切削复合循环采用斜进法进刀。由于单侧刀刃切削工件，刀刃容易损伤和磨损，使加工的螺纹面不直，刀尖角发生变化，从而造成牙型精度较差。但由于其为单侧刃工作，刀具负载较小，容易排屑，并且背吃刀量为递减式，因此，这种加工方法一般适用于高精度的螺纹和大螺距螺纹的加工。

（3）指令说明

G76 指令的动作及参数如图 3 -28 所示。

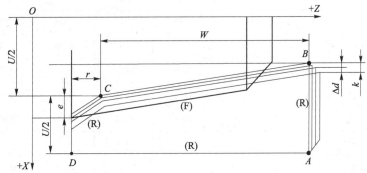

图 3 -28　G76 指令段参数示意图

指令中各参数意义如下。

$X(U)$、$Z(W)$——螺纹终点坐标；

m——螺纹精车次数取值范围为 00 ~ 99（单位：次），m 代码值执行后保持有效，螺纹精车时，每次进给的切削量等于螺纹精车的切削量 d 除以精车次数 m；

r——螺纹退尾长度取值范围为 00 ~ 99（单位：0.1L，L 为螺纹螺距），r 代码值执行后保持有效，螺纹退尾功能可实现无退刀槽的螺纹加工；

α——相邻两螺纹牙的夹角，取值范围为 00 ~ 99，单位：（°）；

Δd_{min}——螺纹粗车时的最小切削量，取值范围为 0 ~ 999 99（单位：0.001 mm，无符号，半径值）；

d——螺纹精车的切削量，取值范围为 00 ~ 99.999（单位：mm，无符号，半径值）；

i——螺纹锥度，螺纹起点与螺纹终点的 X 轴绝对坐标的差值，取值范围为 - 9 999.999 ~ 9 999.99（单位：mm，半径值），未输入 i 值时，系统按 i =0（直螺纹）处理；

k——螺纹牙高，取值范围为 1 ~ 999 999 999（单位：0.001 mm，半径值，无符号），未输入 k 值时，系统报警；

Δd——第一次螺纹切削深度，取值范围为 1 ~ 999 999 999（单位：0.001 mm，半径值，无符号），未输入 Δd 值时，系统报警；

F——米制螺纹导程（单线螺纹为螺距），取值范围为 0 < F ≤ 500 mm；

I——英制螺纹每英寸的螺纹牙数，取值范围为 0.06 ~ 25 400 牙/in。

四、螺纹切削用量的选择

1. 螺纹切削进给次数与背吃刀量的确定

在螺纹加工中，背吃刀量等于螺纹车刀切入工件表面的深度。车削螺纹时，每次切深的确定都要综合考虑工件材料、工件刚度、刀具材料和刀具强度等诸多因素，依靠经验并通过试车来确定。每次切深过小时，会增加进给次数，影响切削效率，同时，会加剧刀具的磨损；过大又容易出现扎刀、崩刃等现象。为避免上述现象的发生，螺纹加工的每次切深一般都选择切深逐渐减小的方式。常用螺纹切削的进给次数与背吃刀量参见表3-7。

表3-7 常用螺纹切削的进给次数与吃刀量

公 制 螺 纹							
螺距/mm	1.0	1.5	2	2.5	3	3.5	4
牙深（半径值）	0.649	0.974	1.299	1.624	1.949	2.273	2.598
切削次数及背吃刀量（直径值） 1 次	0.7	0.8	0.9	1.0	1.2	1.5	1.5
2 次	0.4	0.6	0.6	0.7	0.7	0.7	0.8
3 次	0.2	0.4	0.6	0.6	0.6	0.6	0.6
4 次		0.16	0.4	0.4	0.4	0.6	0.6
5 次			0.1	0.4	0.4	0.4	0.4
6 次				0.15	0.4	0.4	0.4
7 次					0.2	0.2	0.4
8 次						0.15	0.3
9 次							0.2
英 制 螺 纹							
牙/in	24	18	16	14	12	10	8
牙深（半径值）	0.698	0.904	1.016	1.162	1.355	1.626	2.033
切削次数及背吃刀量（直径值） 1 次	0.8	0.8	0.8	0.8	0.9	1.0	1.2
2 次	0.4	0.6	0.6	0.6	0.6	0.7	0.7
3 次	0.16	0.3	0.5	0.5	0.6	0.6	0.6
4 次		0.11	0.14	0.3	0.4	0.4	0.5
5 次				0.13	0.21	0.4	0.5
6 次						0.16	0.4
7 次							0.17

2. 转速的选择

在车削螺纹时，车床的主轴转速受到多方面的影响。当主轴转速选择过高时，通过编码器发出的定位脉冲将可能因"过冲"而导致螺纹产生乱牙现象，因此，螺纹加工时，主轴

转速不宜过高，大多数经济型数控车床推荐车螺纹时的主轴转速 n（r/min）为

$$n \leqslant 1\,200k/P$$

式中，P——被加工螺纹的螺距；

k——保险系数，一般取 0.8。

【任务实施】

一、实施方案

1. 组织方式

①在多媒体教室，采用讲授法、观摩法、讨论法等方法学习数控车床的切槽指令及编程方法。

②带学生到数控仿真实训室，每人一台电脑，根据任务和所学知识编制切槽程序，并利用仿真软件检验程序的正确性。掌握切槽程序的编制方法。

2. 操作准备

①场地设施：多媒体教室、仿真实训室。

②设备设施：多媒体设备、电脑、仿真软件。

二、操作步骤

1. 完成图 3-29 所示的螺纹程序

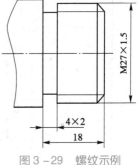

图 3-29　螺纹示例

（1）建立工件坐标系

根据工件坐标系建立原则，工件原点设在右端面与工件轴心线交点上。

（2）相关参数计算

工件受车刀挤压，外径产生塑性变形胀大，因此，螺纹大径应车至

$$d = 公称直径 - 0.1p = 27 - 0.1 \times 1.5 = 26.85 \text{（mm）}$$

要使螺纹合格，小径要适当车至

$$d_{小径} = 公称直径 - 1.3p = 27 - 1.3 \times 1.5 = 25.05 \text{（mm）}$$

（3）参考程序

①G92 指令编程。

O0020

N10 M03 S500；

N20 T0303；

N30 G00 X30 Z5；

N40 G92 X26.85 Z-15.5 F1.5；

N50 X26；

N60 X25.5；

N70 X25.2；

数控机床操作加工技术训练

N80 X25.1；

N90 X25.05；

N100 G00 X100 Z100；

N110 M30；

②G76 指令编程。

O00021

N10 M03 S500；

N20 T0303；

N30 G00 X30 Z5；

N40 G76 P020060 Q100；

N50 G76 X25.05 Z－15.5 P975 Q100 F1.5；

N60 G00 X100 Z100；

N70 M30；

2．练习

使用 G92 指令和 G76 指令编制图 3-30 所示的加工程序。

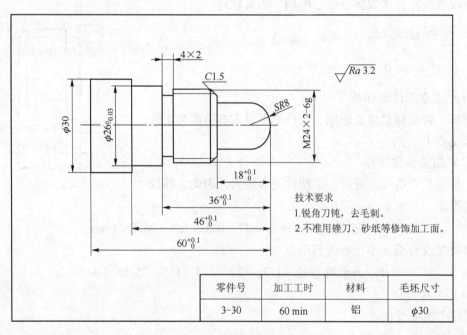

技术要求
1.锐角刀钝，去毛刺。
2.不准用锉刀、砂纸等修饰加工面。

零件号	加工工时	材料	毛坯尺寸
3-30	60 min	铝	$\phi30$

图 3-30　螺纹加工练习图

【项目总结】

本项目主要学习了数控机床坐标系的建立原则、数控车床坐标系的类型、数控加工程序的格式及组成、数控车床常用术语及指令代码、常用外圆加工指令、三角螺纹加工指令及切槽加工指令等。

一、数控机床坐标系的建立原则

①永远假定工件不动，刀具相对于工件移动。
②按照右手笛卡儿坐标系判断坐标轴及方向。

二、机床坐标系

1. 机床原点

即机床坐标系的原点，是机床上的一个固定点，其位置是由机床设计和制造单位确定的，通常不允许用户改变。数控车床的机床原点一般为主轴回转中心与卡盘后端面的交点。

2. 机床参考点

机床参考点是由机床制造厂家定义的一个点，它与机床原点的坐标位置关系是固定的。

3. 工件原点

工件原点就是工件坐标系的原点，是由编程人员设置在工件坐标系上的一个基准位置。

三、工件坐标系

工件坐标系也称编程坐标系。工件坐标系的原点可由编程人员根据具体情况确定，一般选定为工件右端面与主轴轴线的交点。

四、程序的结构

一个完整的程序都是由程序号、程序内容和程序结束三部分组成的。

五、常用准备指令及其功能

1. 快速定位 G00

指令格式：
G00 X(U)___Z(W)___;

2. 直线插补 G01

指令格式：
G01 X(U)___Z(W)___F___;

3. 圆弧插补 G02/G03

指令格式：
$\begin{cases} \text{G02/G03 X(U)\_\_\_Z(W)\_\_\_I\_\_\_K\_\_\_F\_\_\_;} \\ \text{G02/G03 X(U)\_\_\_Z(W)\_\_\_R\_\_\_F\_\_\_;} \end{cases}$

六、常用外圆加工指令

1. 单一形状固定循环 G90

指令格式：
G90 X(U)___Z(W)___R___F___;

2. 外径粗车循环 G71

指令格式：

G71 U(△d) R(e);

G71 P(ns) Q(nf) U(△u) W(△w) F(f);

3. 端面粗车循环 G72

指令格式:

G72 U(△d) R(e);

G72 P(ns) Q(nf) U(△u) W(△w) F(f);

4. 固定轮廓粗车循环 G73

指令格式:

G73 U(△I) W(△K) R(d);

G73 P(ns) Q(nf) U(△u) W(△w) F(f);

5. 精加工循环 G70

指令格式:

G70 P(ns) Q(nf) F(f);

七、槽加工常用指令

1. 直线插补指令 G01

指令格式:

G01 X ___ Z ___ F ___;

2. 延时指令 G04

指令格式:

　G04 X ___;

或 G04 U ___;

或 G04 P ___;

3. 多重复合循环指令 G75

指令格式:

G75 R(e);

G75 X(U)___Z(W)___P(△i) Q(△k) F(f);

八、常用螺纹加工指令

1. 螺纹切削固定循环 G92

指令格式:

G92 X(U)___Z(W)___R ___F ___;

2. 螺纹切削复合循环指令 G76

指令格式:

G76 P(m) (r) (α) Q(△dmin) R(d);

G76 X(U) Z(W) R(i) P(k) Q(△d) F(I);

项目四　数控车床车削加工基本操作

【项目提出】

　　数控车床车削加工基本操作对初学者至关重要，了解数控车床车削加工基本操作可以为熟练掌握数控车床操作打下扎实的基础。通过本项目的学习，了解数控车床控制面板结构、面板按钮的操作方法、数控车床对刀的意义、对刀的操作步骤，初步掌握数控加工工序及工艺卡片的编制，并能编制一般轴类零件加工程序。数控车床控制面板如图4-0所示。

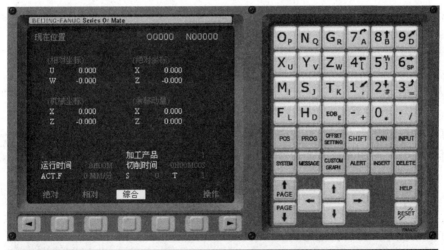

图4-0　数控车床控制面板

【项目分析】

本课程的主要任务是培养操作数控车床的技术人才，使其具备一定的数控加工基础知识，能阅读和编制简单零件的加工程序，并初步掌握常用数控车床的操作。

在学习方法上，主要有以下几点：

1. 提高学习积极性，知难而上

在学习这些新的内容时，首先要有学习的积极性，做到知难而上，变被动吸收为主动求索，在理解的基础上突破难点，并注意知识的承上启下和相互衔接。

2. 抓住实践机会，丰富所学知识

因本课程的理论和实践性较强，为了加强理论和实践的结合，必须抓住各种实践机会，如上机实验及模拟加工等，验证和巩固所学的理论知识，再把理论知识用于指导实践、检验实践，从而对所学知识有更深刻的理解。

【项目实施】

项目目标

素养目标

1. 了解安全操作要求，养成安全文明操作的习惯。
2. 养成组员之间相互协作的习惯。

知识目标

1. 了解数控车床控制面板结构。
2. 了解数控车床回零的意义。
3. 了解数控车床对刀的意义。
4. 熟悉数控加工工序及工艺卡片的编制。

技能目标

1. 掌握数控车床控制面板按钮的操作方法。
2. 掌握数控车床回零的操作步骤。
3. 掌握数控车床对刀的操作步骤。
4. 能编制一般轴类零件加工程序，并熟练操作数控车床来加工零件。

项目任务

任务1：数控车床控制面板按钮的操作

任务2：数控车床的对刀操作

任务3：在数控车床上加工螺纹轴（含外圆、槽及螺纹等）

任务1　数控车床控制面板按钮的操作

【任务目标】

①熟悉 FANUC 数控系统操作面板上各功能键的作用。

②学会开机、返回参考点、程序录入、关机等基本操作。

③了解数控车床的工作过程。

【任务准备】

数控车床操作面板是数控车床的重要组成部件，是操作人员与数控车床（系统）进行交互的工具，主要有显示装置、NC 键盘、机床操作面板、状态灯、手持单元等部分组成。数控车床的类型和数控系统的种类很多，各生产厂家设计的操作面板也不尽相同，但操作面板上各种旋钮、按钮和键盘的基本功能及使用方法基本相同。以 FANUC 系统为例，简单介绍数控车床的操作面板上各个按键的基本功能与使用方法，如图 4-1 所示。

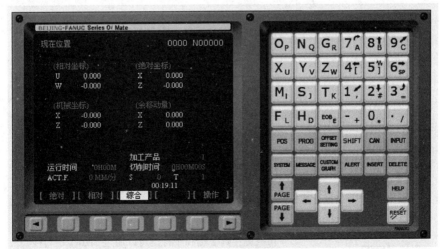

图 4-1　FANUC 0i Mate 数控车床面板

一、数控车床面板按钮及功能介绍

1. MDI 键盘部分按键功能

图4-2所示为数控车床 MDI 操作面板，各按键功能见表4-1。

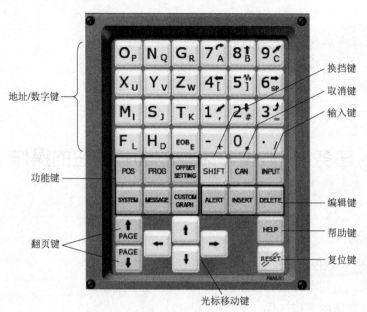

图4-2　MDI 操作面板

表4-1　MDI 键盘部分按键功能表

序号	名称	说明
1	复位键	按此键可使 CNC 复位，用于消除报警等
2	帮助键	按此键可以显示如何操作机床，如 MDI 键的操作；可在 CNC 发生报警时提供报警的详细信息（帮助功能）
3	软键	根据使用场合，软键有各种功能。软键功能显示在 CRT 屏幕的底部
4	地址和数字键	按这些键可输入字母、数字及其他字符
5	换挡键	切换键：数字键和字符键可以通过 SHIFT 键转换

86

续表

序号	名称	说明
6	输入键 **INPUT**	当按了地址键或数字键后，数据被输入缓冲器，并在 CRT 屏幕上显示出来。为了把键入输入缓冲器中的数据复制到寄存器，按 INPUT 键
7	取消键 **CAN**	删除已写入缓冲器字符
8	程序编辑键 **ALERT** **INSERT** **DELETE**	当编辑程序时，按这些键。 **ALERT** 替换； **INSERT** 插入； **DELETE** 删除
9	功能键 **POS** **PROG** **OFFSET SETTING** **SYSTEM** **MESSAGE** **CUSTOM GRAPH**	这些键用于切换各种功能显示画面。 **POS** 坐标位置显示页面键。位置显示有绝对显示、相对显示和综合显示三种方式，用 POS 键选择 **PROG** 数控程序显示与编辑页面键。在编辑方式下，用于编辑、显示存储器内的程序；在手动数据输入方式下，用于输入和显示数据；在自动方式下，用于显示程序指令 **OFFSET SETTING** 参数输入页面键。按第一次时，进入坐标系设置页面；按第二次时，进入刀具补偿参数页面。进入不同的页面以后，用 PAGE 键切换 **SYSTEM** 系统参数页面键。用来显示系统参数 **MESSAGE** 信息页面键。用来显示提示信息 **CUSTOM GRAPH** 图形参数设置页面键。用来显示图形画面

续表

序号	名称	说明
10	光标移动键	这是四个不同的光标移动键。 → 这个键是用于将光标朝右或前进方向移动。在前进方向，光标按一段短的单位移动 ← 这个键是用于将光标朝左或后退方向移动。在后退方向，光标按一段短的单位移动 ↓ 这个键是用于将光标朝下或前进方向移动。在前进方向，光标按一段大尺寸单位移动 ↑ 这个键是用于将光标朝上或后退方向移动。在后退方向，光标按一段大尺寸单位移动
11	翻页键	↑PAGE 这个键是用于在屏幕上朝前翻一页 PAGE↓ 这个键是用于在屏幕上朝后翻一页
12	回车换行键	结束一行程序的输入并且换行

2. 车床操作面板

车床操作面板如图 4 - 3 所示，各功能按钮的名称及作用见表 4 - 2。

图 4 - 3　车床操作面板

表4-2　车床操作面板各功能按钮的名称及作用

图标	名称	功能说明
	回零/回参考点	按此按钮，系统可进入回零模式
	手轮	按此按钮，系统可进入手轮模式
	手动	按此按钮，系统可进入手动模式，手动连续移动车床
	自动	按此按钮，系统可进入自动模式
	MDI	按此按钮，系统可进入 MDI 模式，手动输入并执行指令
	编辑	按此按钮，系统可进入编辑状态，用于直接通过操作面板输入数控程序和编辑程序
	X 方向回零指示灯	X 轴回零到位，此显示灯亮
	Z 方向回零指示灯	Z 轴回零到位，此显示灯亮
	手动、手轮进给倍数按钮	在手动或手轮模式下按此按钮，可以改变步进倍率
	选择性停止	此按钮按下后，数控程序段中的 M01 指令有效
	跳段	此按钮按下后，数控程序中的注释符号"/"有效
	单段	此按钮按下后，运行程序后，每次执行一个程序段
	空运行	系统进入空运行模式

续表

图标	名称	功能说明
	车床锁	按此按钮，车床锁住无法移动
	手动控制 +X、−X、+Z、−Z 的移动方向，中间键为快速移动键	手动方式下，按该按钮，可以控制刀架向 X、Z 轴的正、负方向运动；中间是快速移动按钮
	手动换刀	按此按钮，可以旋转刀架至所需刀具
	冷却液开/停	按此按钮，打开或关闭冷却液
	主轴反转	按此按钮，主轴反转
	主轴正转	按此按钮，主轴正转
	卡盘	暂不支持
	自动润滑	按此按钮，自动对车床进行润滑
	主轴手动允许	暂不支持
	主轴停	按此按钮，主轴停转
	尾座	暂不支持
	主轴手动加速	按此按钮，调节主轴转速倍率

续表

图标	名称	功能说明
	主轴手动减速	按此按钮，调节主轴转速倍率
	液压/气压泵	暂不支持
	进给倍率调整旋钮	按此按钮，调节进给倍率
	手轮	将光标移至此旋钮上后，通过单击鼠标的左键或右键来转动手轮
	急停按钮	按此按钮，使车床移动立即停止，并且所有的输出如主轴的转动等都会关闭
	NC 关	系统电源关闭
	NC 开	系统电源打开

二、数控车床面板操作

（一）模式选择按钮

图 4-4 所示为操作面板上常用的 6 个模式选择按钮。在操作时，只能按下其中的一个。

编辑　　MDI　　自动　　机械回零　　手动　　手轮

图 4-4　模式选择按钮

1. 编辑

按下此按钮，可以对储存在内存中的程序数据进行编辑操作。

2. 自动

按下此按钮后，可自动执行程序。其自动运行又有以下三种不同的状态，如图 4-5 所示。

单段　　车床锁　　空运行

图 4-5　自动运行状态

（1）单段

按下此按钮后，车床面板上对应指示灯亮，每按一次"循环启动"按钮，车床将执行完一个程序段后暂停；再次按下"循环启动"按钮，则机床再执行一个程序段后暂停。采用此种方法可对程序及操作进行检查。

（2）车床锁

全轴车床锁：用于控制刀具在自动运行过程中的移动功能。启动该功能后，车床面板上对应指示灯亮，刀具在自动运行过程中的移动功能将被限制执行，但能执行 M、S、T 指令。系统显示程序运行时刀具的位置坐标。该功能主要用于检查程序编制是否正确。

辅助功能锁：此功能在开启后，车床面板上对应指示灯亮，刀具在自动运行过程中的移动功能将被限制执行，M、S、T 代码指令不执行（M00、M30、M98、M99 按常规执行）。该功能和全轴车床锁一起用于程序校验。

（3）空运行

按下此按钮后，车床面板上对应指示灯亮。在自动运行过程中，刀具按机床参数指定的速度快速运行。该功能主要用于检查刀具的运行轨迹是否正确。

3. 录入

在该状态下，可以在输入了单一的指令或几条程序段后，立即按下"循环启动"按钮使机床动作，以满足工作需要，如开机后的指定转速"M03 S1000;"。

4. 单步/手轮进给操作

在该状态下，选择恰当的增量步长，然后选择所要驱动的进给轴，可控制机床的进给运动。增量步长有"0.001""0.01""0.1""1"4 种，如图 4-6 所示，"0.001"表示单位增量为 0.001 mm。

图 4-6　增量步长选择键

5. 手动连续进给和手动连续快速进给

（1）手动连续进给

可通过调节进给速度倍率来控制车床的进给速度。手动进给速度倍率有 0～150% 共 16

挡可供选择，每挡对应进给速度见表4-3。另外，对于自动执行的程序中指定的速率 F，也可用进给速度倍率进行调节。

表4-3 进给倍率

进给倍率/%	进给速度/(mm·min^{-1})	进给倍率/%	进给速度/(mm·min^{-1})
0	0	80	50
10	2	90	79
20	3.2	100	126
30	5.0	110	200
40	7.9	120	320
50	12.6	130	500
60	20	140	790
70	32	150	1 260

在手动进给方式下进给倍率的选择：

①每按下进给倍率增量键"+"一次，则进给速度倍率增加一挡，到150%时不再增加。

②每按下进给倍率递减键"-"一次，则进给速度倍率减小一挡，到0时不再减小。

（2）手动连续快速进给

可实现某一轴的自动快速进给。

快速倍率有0、25%、50%、100%四挡，可通过快速进给倍率增减键来选择。另外，该快速倍率对 G00 快速进给、固定循环中的快速进给、G28 时的快速进给、手动返回参考点的快速进给都有效。

（二）循环启动执行按钮

1. 循环启动开始

在自动运行状态下，按下该按钮，机床自动运行程序。

2. 进给保持

在机床循环启动状态下，按下该按钮，程序运行及刀具运动将处于暂停状态，其他功能如主轴转速、冷却等保持不变。再次按下"循环启动"按钮，机床重新进入自动运行状态。

（三）主轴功能

1. 主轴正转（CW）

2. 主轴反转（CCW）

3. 主轴停转（STOP）

4. 主轴倍率调整键

在主轴旋转过程中，通过主轴倍率调整键，可实现主轴转速在50%~120%范围内无级调速。每按一下主轴倍率增量按钮，主轴转速增加 10%；同样，每按一次主轴倍率减量按钮，主轴转速减少 10%。

增加：50%→60%→70%→80%→90%→100%→110%→120%。

减少：120%→110%→100%→90%→80%→70%→60%→50%。

（四）用户自定义键

1. "手动冷却"按钮

按下"手动冷却"按钮，机床即执行切削液"开"功能。再次按下该按钮，则冷却功能停止。

2. "手动润滑"按钮

按下"手动润滑"按钮，将自动对机床进行间歇性润滑，间歇时间由系统参数设定。再次按下该按钮，则润滑功能停止。

3. "手动换刀"按钮

每按一次"手动换刀"按钮，刀架将依次转过一个刀位。

4. 程序的编辑操作

（1）新建程序

建立一个新程序，如图 4-7 所示。

图 4-7 建立新程序

选择模式按钮"EDIT"，按下 MDI 功能键 PROG，输入地址符"O"，输入程序号"0030"，按下 EOB 键，按下 INSERT 键即可完成新程序"O0030"的输入。

建立新程序时，要注意建立的程序号应是内存储器所没有的程序号。

（2）调用内存中储存的程序

选择模式按钮"EDIT"，按下 MDI 功能键 PROG，输入地址符"O"，输入程序号（如"123"），按下 INSERT 键即可完成程序"O123"的调用。

在调用程序时，一定要调用内存储器中已储存的程序。

（3）删除程序

选择模式按钮"EDIT"，按下 MDI 功能键 PROG，输入地址符"O"，输入程序号（如"123"），按下 DELETE 键即可完成单个程序"O123"的删除。

如果要删除内存储器中的所有程序，只要在输入"O0 - 9999"后按下 DELETE 键即可完成内存储器中所有程序的删除。

如果要删除指定范围的程序，只要在输入"OXXXX，OYYYY"后按下 DELETE 键即可将内存储器中"OXXXX，OYYYY"范围内的所有程序删除。

（4）删除程序段

选择模式按钮"EDIT"，用 CURSOR 键检索或扫描到将要删除的程序段 NXXX，按下 EOB 键，按下 DELETE 键即可将当前光标所在的程序段删除。

如果要删除多个程序段，则用 CURSOR 键检索或扫描到将要删除的程序开始段的地址（如 N0010），键入地址符"N"和最后一个程序段号（如"1000"），按下 DELETE 键，即可将 N0010 ~ N1000 内的所有程序段删除。

（5）检索程序段

程序段的检索功能主要用于自动运行模式中。其检索过程如下：

按下模式选择按钮"AUTO"，按下 PROG 键显示程序屏幕，输入地址"N"及要检索的程序段号，按下软键 N SRH，即可找到所要检索的程序段。

（6）程序字的操作

扫描程序字：选择模式按钮"EDIT"，按下光标向左或向右移动键，光标将在屏幕上向左或向右移动一个地址字；按下光标向上或向下移动键，光标将移动到上一个或下一个程序段的开始段。按下 PAGE UP 键或 PAGE DOWN 键，光标将向前或向后翻页显示。

跳到程序开始段：在"EDIT"模式下，按 RESET 键，即可使光标跳到程序开始段。

插入一个程序字：在"EDIT"模式下，在程序中光标指定位置插入字符或数字，按下 INSERT 键。

字的替换：在"EDIT"模式下，扫描到将要替换的字，键入要替换的地址字和数据，按下 ALTER 键。

字的删除：在"EDIT"模式下，扫描到将要删除的字，按下 DELETE 键。

输入过程中字的取消：在程序字符的输入过程中，如发现当前字符输入错误，则按下取消键 CAN，清除输入缓冲寄存器中的字符。

【任务实施】

一、实施方案

1. 组织方式

①将学生分为六组，在理实一体化教室采用讲授法、观摩法、讨论法等方法学习数控车床面板上各键的名称及功能，了解各种方式的操作方法。

②带学生到数控实训车间，每四人一组，到数控车床位置，进行数控车床开机操作、回参考点操作、手动连续移动刀架操作、手动转动刀架操作、手动正反转主轴和停止主轴操

作、MDI 方式下正反转主轴和停止主轴操作、刀位转换操作、改变主轴转速操作。

2. 操作准备

①场地设施：理实一体化教室。
②设备设施：多媒体设备、数控车床等实训设备。
③耗材：刀具、毛坯、干净抹布。

二、操作步骤

1. 认识数控车床面板上各键的名称及功能

2. 示范数控车床的工作过程

教师示范操作数控车床的工作过程，学生观察工作过程并了解各种方式的操作方法。

示范步骤：分析零件→编写程序→输入程序→模拟加工→对刀操作→加工操作。

【项目总结】

数控车床操作面板是数控车床的重要组成部件，是操作人员与数控车床（系统）进行交互的工具，操作人员可以通过它对数控车床（系统）进行操作、编程、调试，以及对车床参数进行设定和修改；还可以通过它了解、查询数控车床（系统）的运行状态。其主要由显示装置、NC 键盘（功能类似于计算机键盘的按键阵列）、机床控制面板、状态灯、手持单元等部分组成。

任务 2   数控车床的对刀操作

【任务目标】

①会进行试切对刀及参数设置。
②能完成数控车床手动车削的操作。
③会正确检测工件精度和修改对刀参数。

【任务准备】

一、数控车床对刀的意义

对刀就是在车床上确定刀补值或确定工件坐标系原点的过程，它在数控操作中是重要的环节。如果说程序设计是数控加工的必要条件，那么对刀则是数控加工的充要条件。对刀的准确度直接影响工件的加工质量。所以，对刀是数控车床操作的基本技能技巧，是确保工件加工效率的"根基"。

二、数控车床对刀的操作步骤

加工程序执行前，调整每把刀的到位点，使其尽量重合于某一理想基准点，这一过程称为对刀。

对刀一般分为手动对刀和自动对刀两大类。目前，绝大多数的数控机床（特别是车床）采用手动对刀，其基本方法有定位对刀法、光学对刀法、ATC对刀法和试切对刀法。前三种对刀法，均可能受到手动和目测等多种误差影响，对刀精度有限，实际生产中往往通过试切法对刀，以得到更加准确和可靠的结果。

试切对刀法主要利用刀具的偏移功能，将车刀刀尖位置与编程位置存在的差值通过补偿值设定，使刀具在 X、Z 轴方向加以补偿，保证刀具能按照编程中的设定运动。

对刀点：用来确定刀具与工件的相对位置关系的点。

对刀基准点：对刀时确定对刀点的位置所依据的基准。该基准可以是点、线、面。

对刀基准点一般设在工件上（定位基准或测量基准）、夹具上（夹具元件设置的起始点）或车床上。

换刀点是数控加工程序中指定用于换刀位置的点。换刀点位置应避免与工件夹具及车床发生干扰。

确定对刀点或对刀基准点的一般原则：

①对刀点位置容易确定，如图4-8所示。

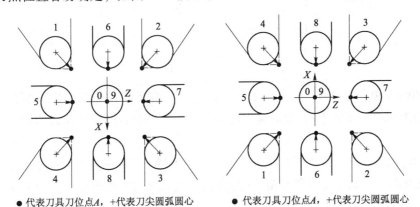

●代表刀具刀位点 A，+代表刀尖圆弧圆心　　　　●代表刀具刀位点 A，+代表刀尖圆弧圆心

(a)　　　　　　　　　　　　　　　　(b)

图4-8　刀尖点在工件坐标系中的位置

（a）刀尖在操作者内侧；（b）刀架在操作者外侧

②能够方便换刀，以便与换刀点重合。

③对刀点尽量与工件尺寸设计基准或工艺基准一致。

④批量加工时，为使一次对刀可以加工一批工件，对刀点应在定位元件的起始基准上，并与编程原点及定位基准重合，以便直接按照定位基准对刀，如图4-9所示。

下面以90°车刀为例介绍试切法对刀的具体操作方法，如图4-10所示。

①将工件装夹好后，先用手动方式操纵机床，用已选好的刀具将工件端面车一刀，然后保持刀具在纵向尺寸不变，沿横向退刀。当取工件右端面 O 作为工件原点时，将当前的机

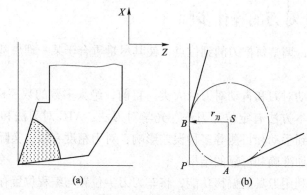

图 4-9 假想刀尖位置

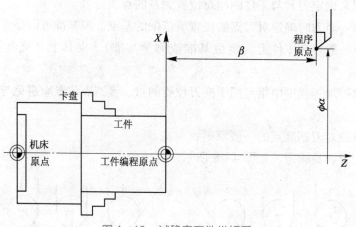

图 4-10   试确定工件坐标系

械坐标 Z 值输入相应的刀具长度补偿中；当取工件左端面 O' 作为工件原点时，需要测量从内端面到加工面的长度尺寸 δ，此时对刀输入值一般为当前的机械坐标 Z 值减去 δ 值后所得到的值。

②用同样的方法将工件外圆表面车一刀，然后保持刀具在横向上的尺寸不变，从纵向退刀，停止主轴转动，再量出工件车削后的直径 γ。将当前的机械坐标 X 值减去 γ 值后所得到的值输入相应的刀具长度补偿中即可。

注意，在试切对刀法中输入的数据及方法具体应根据机床说明书确定。若车削中只使用一把刀，且在程序中设定 T0101，则刀具应安装在 1 号刀位，刀具长度补偿值的输入位置为 101 号（刀具补偿号 +100）刀补。若在工件加工时用到多把刀具，则一定要注意程序编制中每把刀具的代码、每把刀具的具体安装及每把刀具长度补偿输入位置间的关系。

三、刀具补偿量的设定和显示

（一）刀具补偿量的设定

刀具补偿量的设定方法可分为绝对值输入和增量值输入两种。

1. 绝对值输入

①按下 OFFSET SETTING 键。

②利用翻页键找到刀补数据设置页面。

③利用翻页键和光标移动键把光标移到要变更的补偿号（101）的位置。

④X 向补偿数据输入：输入所需的补偿值（如 "X – 133.0"），按下输入键来设定或替换原来的数值。

⑤Z 向补偿数据输入：输入所需的补偿值（如 "Z – 363.0"），按下输入键。完成输入后的页面如图 4 – 11 所示。

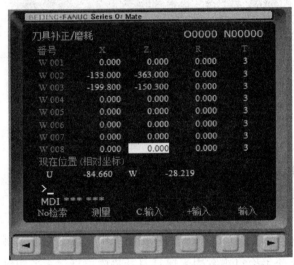

图 4 – 11　刀具补偿显示页面

2. 增量值输入

如要将 X 向补偿数据增大 0.2，则可键入 "0.2"，按输入键即可。要将 Z 向补偿数据减小 0.3，则可键入 " – 0.3"，按输入键即可。数控系统会把当前的补偿量与所键入的增量值相加后的结果作为新的补偿量显示存储起来。

（二）刀具半径补偿量的设定

把光标移动到要变更的刀具半径位置处，进行参数输入，如键入 "R0.5"（刀尖圆弧半径为 0.5 mm），再按下输入键即可；把光标移动到要变更的刀具位置处，进行参数输入，如键入 "T3"（外圆车刀的刀尖位号为 3），再按下输入键即可。

四、自动加工

当前面的工作完成后，即可进入自动加工操作。

（1）机床试运行

①调出所要加工的程序，光标移至要开始加工的位置。

②模式选择按钮选择 "自动" 方式，液晶屏幕右下角显示 "自动方式"。

③按下坐标显示的 POS 键，利用翻页键找到如图 4-12 所示坐标显示值页面。

图 4-12　坐标显示值页面

④按下车床锁按钮，按下单段执行按钮。

⑤按下循环启动按钮，则每按一下，车床执行一段程序。

车床的试运行检查还可以在空运行状态下进行，两者虽然都被用于程序自动运行前的检查，但检查的内容却有区别。车床锁住并空运行主要用于检查程序编制是否正确，程序有没有编写格式错误；而车床空运行主要用于检查刀具轨迹是否与要求相符。

现在，在很多车床上都带有自动运行图形显示功能，对于这种车床，可直接用图形显示功能进行程序的检查与校正。

（2）车床的自动运行

①调出所要加工的程序，确定程序正确。

②选择模式按钮或旋钮为"自动"状态。

③按下循环启动按钮，自动执行加工程序。

在加工过程中，可以采用单段加工；可以根据实际情况，通过主轴倍率选择键进行主轴转速的调节，通过进给倍率选择键进行进给速度的调节。

【任务实施】

一、实施方案

1. 组织方式

①将学生分为六组，在理实一体化教室采用讲授法、观摩法、讨论法等方法学习。

②带学生到数控实训车间，每四人一组，到数控车床位置，先熟悉车床面板操作，然后进行对刀操作。

2. 操作准备

①场地设施：理实一体化教室。

②设备设施：多媒体设备、数控车床等实训设备。

③耗材：刀具、毛坯、干净抹布。

二、操作步骤

（一）对刀操作练习

第一步：用所选刀具试切工件外圆，测量试切后的工件直径，比如记为 α，保持 X 轴方向不动，刀具退出。按 MDI 键盘上的键 ，进入形状补偿参数设定界面，将光标移到与刀位号相对应的位置，输入 "Xα"，按菜单软键 "测量"，对应的刀具偏移量则自动输入。

第二步：试切工件端面，保持 Z 轴方向不动，刀具退出。进入形状补偿参数设定界面，将光标移到相应的位置，输入 "Z0"，按 "测量" 软键，对应的刀具偏移量则自动输入。

（二）示范数控车床的工作过程

教师示范操作数控车床的工作过程，学生观察操作步骤并掌握面板功能键作用。

示范步骤：分析零件→编写程序→输入程序→模拟加工→对刀操作→加工操作。

【项目总结】

对刀是数控加工中的重要操作和重要技能。如果说程序设计是数控加工的必要条件，那么对刀则是数控加工的充要条件。对刀的准确度直接影响工件的加工质量，所以对刀是数控车床操作的基本技能技巧，是确保工件加工效率的 "根基"。

任务 3　在数控车床上加工螺纹轴
(含外圆、槽及螺纹等)

【任务目标】

①熟悉数控加工工序及工艺卡片的编制。

②能编制轴类零件加工程序。

【任务准备】

一、数控车削加工过程

①分析零件图样和处理工艺。根据图样对零件的几何形状尺寸、技术要求进行分析，明确加工的内容及要求，决定加工方案，确定加工顺序，设计夹具，选择刀具，制订合理的走刀路线及选择合理的切削用量等。同时，还应发挥数控系统的功能和数控机床本身的能力，正确选择对刀点、切入方式，尽量减少诸如换刀、转位等辅助时间。

②数学处理。编程前，根据零件的几何特征，先建立一个工件坐标系，根据零件图样的要求，制订加工路线，在建立的工件坐标系上，首先计算出刀具的运动轨迹。对于形状比较简单的零件（如由直线和圆弧组成的零件），只需计算出几何元素的起点、终点、圆弧的圆心、两个几何元素的交点或切点的坐标值。

③编写零件程序清单。加工路线和工艺参数确定以后，根据数控系统规定的指定代码及程序段格式，编写零件程序清单。

④程序输入。将编制好的格式输入数控车床中。

⑤程序校验与首件试切。在数控车床上对程序进行验证程序能否在系统中通过，并在机床上进行试切加工，完成工艺方面的调整。

二、数控车削加工编程示例

例1：加工如图4-13所示工件（毛坯 $\phi50\times37$，已钻出 $\phi20$ 内孔），试编写其数控车削加工程序。

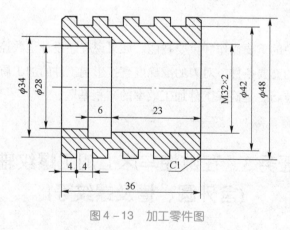

图4-13 加工零件图

1. 选择车床

加工本例工件时，选择FANUC系统的数控车床。该车床的刀架为四工位前置式刀架。

2. 确定加工步骤

本例工件的加工步骤见表4-4。

表 4 – 4　数控加工工艺卡

工步	工步内容（加工面）	刀具号	刀具规格	主轴转速 /(r·min⁻¹)	进给量 /(mm·r⁻¹)	背吃刀量 /mm
1	手动加工左端面	T0101	外圆车刀	600	0.2	0.5
2	粗加工左端外圆轮廓			600	0.2	0.75
3	精加工左端外圆轮廓			1 000	0.1	0.25
4	加工外圆槽	T0202	外切槽车刀	500	0.1	3
5	粗加工左端内轮廓	T0101	内孔车刀	600	0.2	1
6	精加工左端内轮廓			1 000	0.1	0.25
7	加工内槽	T0202	内切槽刀	500	0.1	3
8	加工内螺纹	T0303	内螺纹刀	600	2	分层
9	掉头	T0101	外圆车刀	600	0.2	0.5
10	粗加工右端外圆轮廓			600	0.2	0.75
11	精加工右端外圆轮廓			1 000	0.1	0.25
12	加工外圆槽	T0202	外切槽刀	500	0.1	3
13	工件精度检测					
编制	审核		批准		共___页　第___页	

3. 编制加工程序

本例工件右侧外圆及内轮廓的加工程序如下：

O0001　　　　　　　　　　　　　　　　　（右侧外圆加工程序）

N10　G99 G40 G21；

N20　T0101；　　　　　　　　　　　　　　（外圆粗车刀）

N30　G00 X150.0 Z150.0；

N40　M03 S600；

N50　G00 X52.0 Z2.0；

N60　G90 X48.5 Z – 17.0 F0.2；

N70　　　 X48.0 Z – 17.0 F0.1 S1000；

N80　G00 X150.0 Z150.0；

N90　T0202；　　　　　　　　　　　　　　（外切槽刀，刀宽 3 mm）

N100 M03 S500；

N110 G00 X49.0 Z – 7.0；

N120 G75 R0.5；

N130 G75 X42.0 Z – 8.0 P1000 Q1000 F0.1；

N140 G00 X49.0 Z – 15.0；

N150 G75 R0.5;

N160 G75 X42.0 Z-16.0 P1000 Q1000 F0.1;

N170 G00 X150.0 Z150.0;

N180 M05;

N190 M30;

O0002   （内轮廓加工程序）

N10   G99 G40 G21;

N20   T0101;   （内孔车刀）

N30   G00 X150.0 Z150.0;

N40   X18.0 Z2.0;

N50   M03 S600;

N60   G71 U1.0 R0.5;

N70   G71 P80 Q140 U-0.5 W0 F0.2;

N80   G01 X34.0 F0.1 S1000;

N90   Z0;

N100   X30.0 Z-2.0;

N110   Z-29.0;

N120   X28.0;

N130   Z-37.0;

N140   X18.0;

N150 G70 P80 Q140;

N160 G00 X150.0 Z150.0;

N170 T0202;   （内切槽刀，刀宽3 mm）

N180 M03 S500;

N190 G00 X27.5;

N200   Z-26.0;

N210 G75 R0.5;

N220 G75 X34.0 Z-29.0 P1000 Q1000 F0.1;

N230 G00 Z2.0;

N240 G00 X150.0 Z150.0;

N250 T0303;   （内螺纹刀）

N260 M03 S600;

N270 G00 X29.0 Z2.0;

N280 G92 X30.7 Z-25.0 F2.0;

N290　　　X31.2；

N300　　　X31.6；

N310　　　X31.85；

N320　　　X32.0；

N330 G00 X150.0 Z150.0；

N340 M05；

N350 M30；

例2：编程加工如图4-14所示零件。工件材料：45钢。

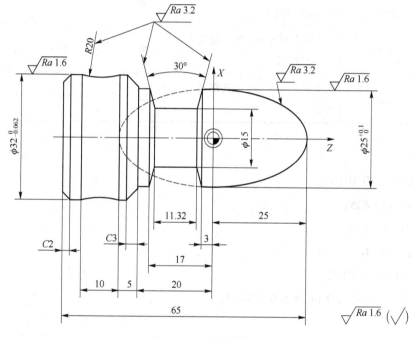

图4-14　加工零件图

毛坯采用35 mm圆棒。根据零件加工要求，轮廓粗、精车均采用可转位硬质合金93偏头外圆车刀，梯形槽采用宽4 mm机夹硬质合金切槽刀，最终切断采用宽4 mm高速钢切断刀。

数控加工工艺卡见表4-5。

表4-5　数控加工工艺卡

加工步骤	加工内容要求	刀具	主轴转速或切削速度 /(m·min^{-1})	进给量 /(mm·r^{-1})	备注
1	预车端面	T0101 可转位硬质合金 93 偏头外圆车刀	80	0.2	切深1 mm

续表

加工步骤	加工内容要求	刀具	主轴转速或切削速度 /(m·min⁻¹)	进给量 /(mm·r⁻¹)	备注
2	粗车外轮廓，留精车余量单边 0.2 mm	T0101 可转位硬质合金 93 偏头外圆车刀	80	0.3	G71
3	精车外轮廓至要求	T0202 可转位硬质合金 93 偏头外圆车刀	120	0.2	G70
4	切槽	T0303 宽 4 mm 机夹硬质合金切槽刀	80	0.1	
5	切断	T0404 宽 4 mm 高速钢切断刀	20	0.1	右刀尖刀补

O0004

N10 M03 S800 T0101;

N20 G0 X40 Z25;

N30 G01 X -2.0;

N40 G0 X36.0 Z28.0;

N50 G71 U2.0 R1.0;

N60 G71 P 70 Q 250 U0.4 W0.2 F0.3;

N70 G0 X0;

N80 G1 Z25.0 F0.2;

N90 #1 = 25.0;

N100 #2 = 12.475;

N110 #3 = 0.5;

N120 #4 = 0.5;

N130 #5 = 90;

N140 WHILE[#3 LT#5] DO1;

N150 #6 = #1*COS[#3];

N160 #7 = 2*#2*SIN[#3];

N170 G1 X#7 Z#6;

N180 #3 = #3 + #4;

N190 END 1;

N200 G1 X24.95 Z0;

N210　Z－20.0；

N220　X26.0；

N230　X31.97　Z－23.0；

N240　Z－45.0；

N250　X35.0；

N260　G0　X50.0　Z300.0；

N270　T0202　M03　S700；

N280　G0　X36.0　Z28.0；

N290　G70　P70　Q250；

N300　G0　X33.0　Z－25.0；

N310　G1　X32.0；

N320　G02　Z－35.0　R20.0；

N330　G0　X40.0；

N340　G0　X50.0　Z300.0；

N350　T0303；

N360　G0　X26.0　Z－15.5；

N370　G1　X15.4　F0.1；

N380　G0　X26.0；

N390　Z－11.9；

N400　G1　X15.4；

N410　G0　X26.0；

N420　Z－8.34；

N430　G1　X15.4；

N440　G0　X25.0；

N450　Z－17.0；

N460　G1　X32.0；

N470　X15.0　Z－15.66；

N480　W3；

N490　G0　X26.0；

N500　T0308；

N510　G0　Z－3.0；

N520　G1　X25.0；

N530　X15.0　Z－4.34；

N540　W－3.0；

N550　X40.0；

N560 G0 X50.0 Z300.0；

N570 T0404；

N580 G0 X33.0 Z－40.0；

N590 G1 X28.0；

N600 G0 X33.0；

N610 Z－37.5；

N620 G1 X28.0 Z－40.0；

N630 X－1.0；

N640 G0 X50.0 Z300.0；

N650 M30；

【任务实施】

一、实施方案

1. 组织方式

①将学生分为六组，在理实一体化教室采用讲授法、观摩法、讨论法等方法学习。

②带学生到数控实训车间，每四人一组，预先设定编程员、操作员、质检员、安全监督员等实际的工作岗位。

2. 操作准备

①场地设施：理实一体化教室。

②设备设施：多媒体设备、数控车床等实训设备。

③耗材：刀具、毛坯、干净抹布。

二、操作步骤

1）根据实训总体安排，让小组内三个学生轮流为本次任务的编程员、操作员和安全监督员，步骤如下：

①编程员开机，并根据零件图直接输入程序；安全监督员检查程序，并且在机床上进行图形模拟，纠错改正。

②操作员装夹零件、装刀、对刀；安全监督员在旁监督，待完成后再一次检查。

2）示范数控车床的工作过程。

教师示范操作数控车床的工作过程，学生观察工作过程并能熟练操作。

示范步骤：分析零件→编写程序→输入程序→模拟加工→对刀操作→加工操作。

【项目总结】

零件都是由简单的几何面组合而成的，比如圆柱、圆锥、圆弧、平面，在编程时，应根

据零件的形状特点、技术要求、工件数量和安装方法来综合考虑。

①如果毛坯余量大又不均匀或要求精度较高，应分粗车、半精车和精车等几个阶段。

②如果零件过长，要用顶尖装夹。在编程时，应注意 Z 向退刀不要撞到尾座。

③对于复杂的零件，要经过两次装夹，由于对刀及刀架的限制，一般应把第一端粗、精车全部完成后再调头。调头装夹时，应垫铜皮或做开口轴套或软爪。

④车削时，一般应先车端面，这样有利于确定长度方向的尺寸。车铸铁时，应先车倒角，避免刀尖首先与外皮接触而产生磨损。

⑤若零件需要磨削，只做粗车和半精车。

⑥对于台阶轴的车削，应先车直径较大的一端。

⑦车槽一般安排在精车后，车螺纹一般安排在最后车削。

项目五 数控铣床的编程技术训练

【项目提出】

数控铣床是应用非常广泛的加工机床，它可以进行平面铣削、平面型腔铣削、外形轮廓铣削、三维及三维以上复杂型面铣削，还可进行钻削、镗削、螺纹切削等孔加工。加工中心、柔性制造单元等都是在数控铣床的基础上产生和发展起来的。如图 5−0 所示。

表 5−0　数控铣床

【项目分析】

铣削加工是机械加工中最常用的加工方法之一，主要包括平面铣削和轮廓铣削，也可以对零件进行钻、扩、铰、镗、锪加工及螺纹加工等。本项目主要学习数控铣床的基础知识和基本操作方法等内容，通过多媒体技术、仿真技术、实操训练等手段的应用，培养学生兴趣，为后续项目的开展奠定坚实的基础。

【项目实施】

项目目标

 素养目标

1. 了解安全操作要求，养成安全文明操作的习惯。
2. 养成组员之间相互协作的习惯。

 知识目标

1. 理解数控铣床程序结构，掌握程序编制方法。
2. 掌握基本编程指令。
3. 了解数控铣床坐标系的类型。
4. 掌握数控铣床平面轮廓、钻孔程序的编写方法。

 技能目标

1. 掌握程序编制方法。
2. 掌握数控铣床坐标系的判定方法。
3. 认识加工平面轮廓、钻孔刀具。

项目任务

任务1：学习数控铣床编程指令
任务2：建立数控铣床坐标系
任务3：数控铣床平面轮廓程序编写
任务4：数控铣床钻孔程序编写

任务1 学习数控铣床编程指令

【任务目标】
①掌握常用的准备功能指令及其指令格式。
②掌握常用的辅助功能指令及其指令格式。

【任务准备】

一、常用的准备功能 G 代码

数控铣床上 G 代码的有关规定和含义见表 5-1。

表 5-1　数控铣床的准备功能代码

代码	组别	功能	备注	代码	组别	功能	备注
G00	01	点定位		G57	14	选择工件坐标系 4	
G01		直线插补		G58		选择工件坐标系 5	
G02		顺时针方向圆弧插补		G59		选择工件坐标系 6	
G03		逆时针方向圆弧插补		G65	00	宏程序调用	非模态
G04	00	暂停	非模态	G66	12	宏程序模态调用	
G15	17	极坐标指令取消		*G67		宏程序模态调用取消	
G16		极坐标指令		G68	16	坐标旋转有效	
G17	02	XY 平面选择		*G69		坐标旋转取消	
G18		XZ 平面选择		G73	09	高速深孔啄钻循环	非模态
G19		YZ 平面选择		G74		左旋攻丝循环	非模态
G20	06	英制（in）输入		G76		精镗孔循环	非模态
G21		公制（mm）输入		*G80		取消固定循环	
G27	00	机床返回参考点检查	非模态	G81		钻孔循环	
G28		机床返回参考点	非模态	G82		沉孔循环	
G29		从参考点返回	非模态	G83		深孔啄钻循环	
G30		返回第 2、3、4 参考点	非模态	G84		右旋攻丝循环	
G31		跳转功能	非模态	G85		绞孔循环	
G33	01	螺纹切削		G86		镗孔循环	
*G40	07	刀具半径补偿取消		G87		反镗孔循环	
G41		刀具半径补偿—左		G88		镗孔循环	
G42		刀具半径补偿—右		G89		镗孔循环	
G43		刀具长度补偿—正		*G90	03	绝对尺寸	
G44		刀具长度补偿—负		G91		增量尺寸	
*G49		刀具长度补偿取消		G92	00	设定工作坐标系	非模态
*G50	11	比例缩放取消		*G94	05	每分进给	
G51		比例缩放有效		G95		每转进给	
G52	00	局部坐标系设定	非模态	*G96	13	恒周速控制方式	
G53		选择机床坐标系	非模态	G97		恒周速控制取消	
G54	14	选择工件坐标系 1		G98	10	固定循环返回起始点方式	
G55		选择工件坐标系 2		*G99		固定循环返回 R 点方式	
G56		选择工件坐标系 3					

注：1. 打开机床电源时，标有"＊"符号的 G 代码被激活，即为默认状态。个别同组中的默认代码可由系统参数设定选择，此时默认状态发生变化。

2. G 代码按其功能的不同，分为若干组。不同组的 G 代码在同一个程序段中可以指定多个，但如果在同一个程序段中指定了两个或两个以上属于同一组的 G 代码，则只有最后面的那个 G 代码有效。

3. 在固定循环中，如果指定了 01 组的 G 代码，则固定循环被取消，即为 G80 状态；但 01 组的 G 代码不受固定循环 G 代码影响。

G 功能有非模态和模态之分。非模态 G 功能只在所规定的程序段中有效，程序段结束时被注销。模态 G 功能是一组可相互注销的 G 功能，这些功能一旦被执行，则一直有效，直到被同一组的 G 功能注销为止。

1. 快速定位指令（G00）

格式：G00 X ___ Y ___ Z ___ ；

参数说明如下：

①X、Y、Z 对于绝对指令是指终点的坐标，对于相对指令是指刀具相对于前一点的向量。本书中以下进给功能 G 指令中的 X、Y、Z 含义相同，以后省略。

②该指令命令刀具的刀位点快速移动到 X、Y、Z 所指定的坐标位置。其移动速率可由执行操作面板上的"快速进给率"旋钮调整，并非由 F 功能指定。

③刀具轨迹通常不是一条直线，如图 5-1 所示。

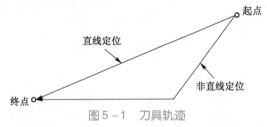

图 5-1 刀具轨迹

2. 直线插补指令（G01）

格式：G01 X ___ Y ___ Z ___ ；

参数说明如下：

①X、Y、Z 为终点，在 G90 时，为终点在零件坐标系中的坐标；在 G91 时，为终点相对于起点的位移量。

②刀具以指定的进给速率 F 沿直线移动到指定的位置。

③进给速率 F 一直有效，直到被赋予新值。其不需要在每个单段都指定。F 值指定的进给速率是沿刀具轨迹测量的。如果不指定 F 值，则认为进给速率为零。

例如，假设当前刀具所在点为（X -50，Y -75），执行如下程序段：

N1 G01 X150 Y25 F100 ；

N2 X50 Y75 ；

则刀具轨迹如图 5-2 所示。

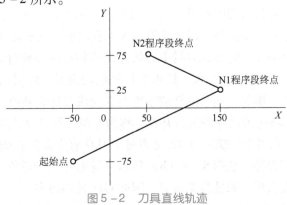

图 5-2 刀具直线轨迹

3. 圆弧插补指令（G02、G03）

G02 表示按指定速度进给的顺时针圆弧插补；G03 表示按指定速度进给的逆时针圆弧插补。

顺时针圆弧、逆时针圆弧的判别方法是：沿着不在圆弧平面内的坐标轴由正方向向负方向看去，顺时针方向为 G02，逆时针方向为 G03，如图 5-3 所示。

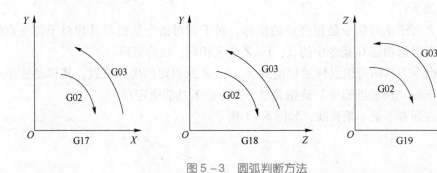

图 5-3 圆弧判断方法

程序格式：

$$\left\{\begin{matrix}G17\\G18\\G19\end{matrix}\right\}\left\{\begin{matrix}G02\\G03\end{matrix}\right\}\left\{\begin{matrix}X\underline{\quad}Y\underline{\quad}\\X\underline{\quad}Z\underline{\quad}\\Y\underline{\quad}Z\underline{\quad}\end{matrix}\right\}\left\{\begin{matrix}I\underline{\quad}J\underline{\quad}\\I\underline{\quad}K\underline{\quad}\\J\underline{\quad}K\underline{\quad}\end{matrix}\right\}F \qquad \left\{\begin{matrix}G17\\G18\\G19\end{matrix}\right\}\left\{\begin{matrix}G02\\G03\end{matrix}\right\}\left\{\begin{matrix}X\underline{\quad}Y\underline{\quad}\\X\underline{\quad}Z\underline{\quad}\\Y\underline{\quad}Z\underline{\quad}\end{matrix}\right\}RF$$

说明如下：

① X、Y、Z 为圆弧的终点坐标值。在 G90 状态下，X、Y、Z 中的坐标值为圆弧终点在工件坐标系中的坐标；在 G91 状态，X、Y、Z 中的坐标值则为圆弧终点相对于圆弧起点的位移量。

② I、J、K 表示圆心相对于圆弧起点在 X、Y、Z 轴方向上的增量值。某项为零时，可以省略。

③ R 为圆弧半径。当圆弧圆心角小于 180°时，R 为正值；当圆弧圆心角大于 180°时，R 为负值。整圆编程时，不可以使用 R，只能用 I、J、K。

④ F 为编程的两个轴的合成进给速率。

4. 刀具半径补偿指令（G40、G41、G42）

铣削刀具的刀位点在刀具主轴中心线上，编程是以刀位点为基准编写的走刀路线，但实际加工中生成的零件轮廓是由切削点形成的。以立铣刀为例，刀位点位于刀具底端面中心，切削点位于外圆，相差一个半径值。以零件轮廓为编程轨迹，在实际加工时，将过切一个半径值。为了加工出合格的零件轮廓，刀具中心轨迹应该偏移零件轮廓表面一个刀具半径值，即进行刀具半径补偿，如图 5-4 所示。采用半径补偿功能时，使用两把不同直径的刀具加工零件，刀具路径都是正确的，偏移零件的距离至少为该刀具的半径。

G41 是相对于刀具前进方向左侧进行补偿，称为左偏刀具半径补偿，简称左刀补，如图 5-4（a）所示（这时相当于顺铣）。G42 是相对于刀具前进方向右侧进行补偿，称为右偏刀具半径补偿，简称右刀补，如图 5-4（b）所示（这时相当于逆铣）。从刀具寿命、加工精度、表面粗糙度角度来说，顺铣效果较好，因此 G41 使用较多。

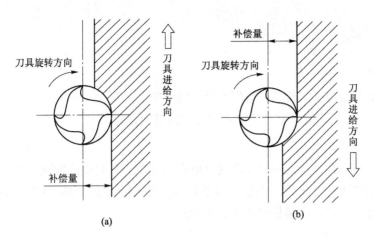

图 5 - 4　刀具半径补偿功能

（a）左刀补；（b）右刀补

程序格式：

$$\begin{Bmatrix} G17 \\ G18 \\ G19 \end{Bmatrix} \begin{Bmatrix} G01 \\ \overline{G00} \end{Bmatrix} \begin{Bmatrix} G41 \\ G42 \\ G40 \end{Bmatrix} \begin{Bmatrix} X\underline{\ \ }Y\underline{\ \ } \\ X\underline{\ \ }Z\underline{\ \ } \\ Y\underline{\ \ }Z\underline{\ \ } \end{Bmatrix} DXX$$

> **说明：**
>
> ①D 是刀补号地址，是系统中记录刀具半径的存储器地址，后面的整数是刀补号，用来调用内存中刀具半径补偿的数值。每把刀具的刀补号地址可以有 D01～D09 共 9 个，其值可以用 MDI 方式预先输入内存刀具表中相应的刀具号内。
>
> ②G40 是取消刀具半径补偿功能，所有平面取消刀具半径补偿的指令均为 G40。
>
> ③G40、G41、G42 都是模态代码，可以互相注销。

二、辅助功能指令（M 代码）

数控铣床上常用的 M 代码见表 5 - 2。

表 5 - 2　数控铣床上常用的 M 代码

M 代码	功　能	M 代码	功　能
M00	程序停止	M06	刀具交换
M01	条件程序停止	M08	切削液开
M02	程序结束	M09	切削液关
M03	主轴正转	M30	程序结束并返回程序头
M04	主轴反转	M98	调用子程序
M05	主轴停止	M99	子程序结束，返回/重复执行

三、其他功能

1. 主轴转速功能指令 S

S 指令控制主轴转速，其后的数值表示主轴速度，单位为 r/min。

S 是模态指令，S 功能只有在主轴速度可调时有效。

2. 进给速度功能指令 F

F 指令表示加工时刀具相对于零件的合成进给速度。F 的单位取决于 G94 或 G95，操作面板上的倍率按键可在一定范围内进行倍率调整，当执行攻螺纹循环 G74、G84 及螺纹切削 G33 时，倍率开关失效，进给倍率固定在 100%。

3. 刀具功能指令 T

T 指令用于选择刀具，其后的数值表示选择的刀具号。T 指令与刀具的关系是由机床制造厂规定的。T 指令同时调入刀补寄存器中的刀补值（刀具长度和刀具半径）。T 指令为非模态指令，但被调用的刀补值一直有效，直到再次换刀调入新的刀补值。

【任务实施】

一、实施方案

1. 组织方式

将学生分为六组，在理实一体化教室采用讲授法、观摩法、讨论法等方法初步了解数控铣床及其指令。

2. 操作准备

①场地设施：理实一体化教室。

②设备设施：多媒体设备、数控铣床等实训设备。

③耗材：刀具、毛坯、干净抹布。

二、操作步骤

①带学生到数控实训车间，每四人一组，到数控铣床指定位置，教师操作数控铣床，学生观察，对数控铣床有进一步的认识。数控加工车间的工作现场如图 5 - 5 所示。

图 5 - 5　数控加工车间工作现场

②参观数控铣床加工的零件，如图 5-6 所示。

图 5-6 数控铣床加工的零件

安全警示：

　　同学们都是第一次近距离接触数控铣床，好奇心会比较强，因此，应注意安全问题。首先，只允许看，不允许动手，看的过程中要保护好眼睛，不要离切削加工区域太近，防止切屑飞出。其次，车间参观应该有秩序，不允许追逐打闹，防止摔跌撞伤。

任务 2　建立数控铣床坐标系

【任务目标】

①了解数控铣床坐标系的类型。
②掌握数控铣床工件坐标系的建立方法。

【任务准备】

一、数控铣床坐标轴和运动方向

　　规定数控铣床坐标轴和运动方向，是为了准确地描述铣床运动，简化程序的编制，并使所编程序具有互换性。国际标准化组织目前已经统一了标准坐标系，我国也颁布了相应的标准（JB 3051—82），对数控铣床的坐标和运动方向做了明文规定。

1. 运动方向命名的原则

永远假定刀具相对于静止的工件坐标运动。

2. 坐标系的规定

为了确定铣床的运动方向、移动的距离，要在铣床上建立一个坐标系，这个坐标系就是标准坐标系。在编制程序时，以该坐标系来规定运动的方向和距离。

数控铣床上的坐标系采用右手笛卡儿坐标系。如图 5-7 所示，右手拇指指向为 X 轴的正方向，食指指向为

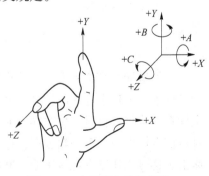

图 5-7　右手笛卡儿坐标系

Y 轴的正方向，中指指向为 Z 轴的正方向。在确定了 X、Y、Z 轴的基础上，根据右手螺旋定则，可以很方便地确定 A、B、C 三个旋转坐标轴的方向。

二、数控铣床常用坐标系

1. 铣床坐标系

铣床坐标系是铣床上固有的坐标系，铣床坐标系的方位通过参考铣床上的一些基准来确定。铣床上有一些固定的基准线，如主轴中心线；固定的基准面，如工作台面、主轴端面、工作台侧面、导轨面等。

在标准中，规定平行于铣床主轴（传递切削力）的刀具运动坐标轴为 Z 轴，以刀具远离工件的方向为正方向（$+Z$）。如果铣床有多个主轴，则以垂直于工件装夹面的主轴为 Z 轴。X 轴为水平方向，且垂直于 Z 轴并平行于工件的装夹面。对于工件做旋转运动的机床（车床、磨床），取平行于横向滑座的轴（工件径向）为刀具运动的 X 轴，同样，取刀具远离工件的方向为 X 轴的正方向。对于刀具做旋转运动的机床（如铣床、镗床），当 Z 轴为水平时，沿刀具主轴后端向工件方向看，向右的方向为 X 轴的正方向；如果 Z 轴是垂直的，则从主轴向立柱看时，对于单立柱机床，X 轴的正方向指向右边，对于双立柱机床，当从主轴向左侧立柱看时，X 轴的正方向指向右边。上述正方向都是刀具相对于工件运动而言的。

在确定了 X、Z 轴的正方向后，可按右手直角笛卡儿坐标系确定 Y 轴的正方向，即在 ZX 平面内，从 $+Z$ 转到 $+X$ 时，右螺旋应沿 $+Y$ 方向前进。

常见铣床的坐标方向如图 5-8 所示，图中表示的方向为实际运动部件的移动方向。

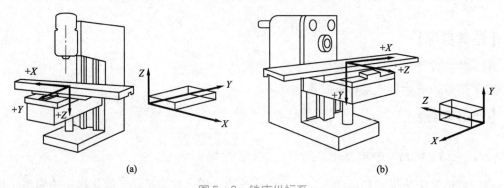

(a)   (b)

图 5-8 铣床坐标系

(a) 立式数控铣床坐标系；(b) 卧式数控铣床坐标系

铣床原点（机械原点）是铣床坐标系的原点，它的位置通常是在各坐标轴的最大极限处。

2. 工件坐标系

工件坐标系是编程人员在编程和加工时使用的坐标系，也称为编程坐标系，是程序的参考坐标系。工作坐标系的位置以铣床坐标系为参考点，一般在一个铣床中可以设定 6 个工作坐标系。编程人员以工件图样上的某点为工作坐标系的原点，称为工作原点。而编程时的刀具轨迹坐标点是按工件轮廓在工作坐标系中的坐标确定的。在加工时，工件随夹具安装在铣床上，这时工作原点与铣床原点间的距离称为工作原点偏置，如图 5-9 所示。

这个偏置值必须在执行加工程序前预存到数控系统中。这样在加工时，工件原点偏置便能自动加到工件坐标系上，使数控系统按机床坐标系确定加工时的绝对坐标值。因此，编程人员可以不考虑工件在铣床上的实际安装位置和安装精度，而利用数控系统的原点偏置功能，通过工作原点偏置值，补偿工件在工作台上的位置误差。现在绝大多数数控铣床都有这种功能，使用起来很方便。

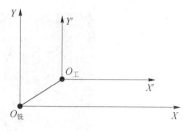

图 5 - 9　工件坐标系与铣床坐标系

【任务实施】

一、实施方案

1. 组织方式

　　①将学生分为六组，在理实一体化教室采用讲授法、观摩法、讨论法等方法学习铣床的开机、回零、关机及主轴的正转、反转和停止方法。

　　②带学生到数控实训车间，每四人一组，到数控铣床指定位置，通过手动、手轮使主轴移动到指定坐标。练习精确定位，也是考核使用手动、手轮的熟练程度。

2. 操作准备

　　①场地设施：理实一体化教室。

　　②设备设施：多媒体设备、数控铣床等实训设备。

　　③耗材：刀具、毛坯、干净抹布。

二、操作步骤

1. 坐标轴移动

　　手动移动铣床坐标轴的操作由手持单元和铣床控制面板上的方式选择、轴手动等按键和进给修调旋钮共同完成。铣床控制面板如图 5 - 10 所示。

2. 点动进给

　　按一下手动按键（指示灯亮），系统处于点动运行方式，可点动移动铣床坐标轴。下面以点动移动 X 轴为例说明。

　　①按压 + X 或 - X 按键（指示灯亮），X 轴将产生正向或负向连续移动。

　　②松开 + X 或 - X 按键（指示灯灭），X 轴的移动即减速停止。

　　用同样的操作方法使用 + Y、- Y、+ Z、- Z、+ 4TH、- 4TH 按键，可以使 Y 轴、Z 轴、4TH 轴产生正向或负向连续移动。

　　同时按多个方向的轴手动按键，每次能手动连续移动多个坐标轴。

图 5-10 铣床控制面板

3. 点动快速移动

在点动进给时，若同时按压快进按键，则产生相应轴的正向或负向快速运动。

4. 点动进给速度选择

点动快速移动的速度为系统参数最高快速移动速度乘以快速修调选择的倍率。

5. 增量进给

当手持单元的坐标轴选择波段开关置于 OFF 挡时，按一下控制面板上的增量按键（指示灯亮），系统处于增量进给方式，可增量移动机床坐标轴。下面以增量进给 X 轴为例说明。

①按一下 +X 或 -X 按键（指示灯亮），X 轴将向正向或负向移动一个增量值。

②再按一下 +X 或 -X 按键，X 轴将向正向或负向继续移动一个增量值。

用同样的操作方法使用 +Y、-Y、+Z、-Z、+4TH、-4TH 按键，可以使 Y 轴、Z 轴、4TH 轴向正向或负向移动一个增量值。

同时按多个方向的轴手动按键，每次能增量进给多个坐标轴。

6. 手摇进给

当手持单元的坐标轴选择波段开关置于 X、Y、Z、4TH 挡时，按一下控制面板上的增量按键（指示灯亮），系统处于手摇进给方式，可手摇进给机床坐标轴。下面以手摇进给 X 轴为例说明。

①手持单元的坐标轴选择波段开关置于 X 挡。

②旋转手摇脉冲发生器，可控制 X 轴正负向运动。

③顺时针/逆时针旋转手摇脉冲发生器一格，X 轴将向正向或负向移动一个增量值。

用同样的操作方法使用手持单元可以使 Y 轴、Z 轴、4TH 轴向正向或负向移动一个增量值。

手摇进给方式每次只能增量进给 1 个坐标轴。

7. 手摇倍率选择

手摇进给的增量值（手摇脉冲发生器每转一格的移动量）由手持单元的增量倍率波段开关×1、×10、×100 控制。

任务 3　数控铣床平面轮廓程序编写

【任务目标】

①掌握数控铣床程序的组成。

②掌握数控铣床程序编写的步骤。

③掌握数控铣床平面轮廓程序的编写方法。

④认识加工平面轮廓的刀具。

【任务准备】

一、数控编程的定义

在普通机床上加工零件时，一般是由工艺人员按照设计图样事先制订好零件的加工工艺规程。在工艺规程中制订出零件的加工工序、切削用量、机床的规格及刀具、夹具等内容。操作人员按工艺规程的各个步骤操作机床，加工出图样给定的零件。也就是说，零件的加工过程是由人工完成的。例如开车、停车、改变主轴转速、改变进给速度和方向、开关切削液等都是由工人手动操纵的。

在由凸轮控制的自动机床或由仿形机床加工零件时，虽然不需要人对它进行操作，但必须根据零件的特点及工艺要求设计出凸轮的运动曲线或靠模，由凸轮或靠模控制机床运动，最后加工出零件。在这个加工过程中，虽然避免了操作者直接操纵机床，但每一个凸轮机构或靠模只能加工一种零件。当改变被加工零件时，就要更换凸轮、靠模。因此，它只能用于大批量、专业化生产中。

数控机床和以上两种机床是不一样的。它是按照事先编制好的加工程序，自动地对被加工零件进行加工。把零件的加工工艺路线，以及工艺参数、刀具的运动轨迹、位移量、切削参数（主轴转数、进给量、背吃刀量等）及辅助功能（换刀、主轴正转、主轴反转、切削液开关等）按照数控机床规定的指令代码及程序格式编写成加工程序单，再把这一程序单中的内容记录在控制介质上，然后输入数控机床的数控装置中，从而指挥机床加工零件。这种从零件图的分析到制成控制介质的全部过程叫作数控程序的编制。

二、数控编程的内容与步骤

1. 数控编程的内容

数控编程的主要内容有分析零件图样、确定加工工艺过程、进行数值计算、编写零件加工程序、制备控制介质、校对程序及首件试切。

2. 数控编程的步骤

数控编程的步骤一般如图 5 – 11 所示。

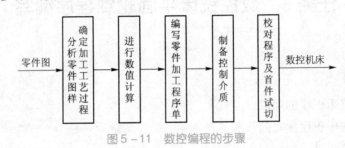

图 5 – 11　数控编程的步骤

（1）分析零件图样，确定加工工艺过程

在确定加工工艺过程时，编程人员要根据图样对工件的形状、尺寸、技术要求进行分析，然后选择加工方案，确定加工顺序、加工路线、装卡方式、刀具及切削参数，同时，还要考虑所用数控机床的指令功能，充分发挥机床的效能。加工路线要短，要正确选择对刀点、换刀点，减少换刀次数。

（2）进行数值计算

根据零件图的几何尺寸、确定的工艺路线及设定的坐标系，计算零件粗、精加工各运动轨迹，得到刀位数据。对于点位控制的数控机床（如数控冲床），一般不需要计算。只有当零件图样坐标系与编程坐标系不一致时，才需要对坐标进行换算。对于形状比较简单的零件（如由直线和圆弧组成的零件）的轮廓加工，需要计算出几何元素的起点、终点、圆弧的圆心、两几何元素的交点或切点的坐标值，有的还要计算刀具中心的运动轨迹坐标值。对于形状比较复杂的零件（如由非圆曲线、曲面组成的零件），需要用直线段或圆弧段逼近，根据要求的精度计算出其节点坐标值，这种情况一般要用计算机来完成数值计算的工作。

（3）编写零件加工程序单

加工路线、工艺参数及刀位数据确定以后，编程人员可以根据数控系统规定的功能指令代码及程序段格式，逐段编写加工程序单。此外，还应填写有关的工艺文件，如数控加工工序卡片、数控刀具卡片、数控刀具明细表、工件安装和零点设定卡片、数控加工程序单等。

（4）制备控制介质

制备控制介质，即把编制好的程序单上的内容记录在控制介质上作为数控装置的输入信息。穿孔纸带是按照国际标准化组织（ISO）或美国电子工业协会（EIA）标准代码制成的。穿孔纸带上的程序代码通过纸带阅读装置送入数控系统。穿孔纸带的特点是不受环境因素的影响（如磁场）。

（5）校对程序及首件试切

程序单和制备好的控制介质必须经过校验和试切才能正式使用。校验的方法是直接将控制介质上的内容输入数控装置中，让机床空运转，即以笔代刀，以坐标纸代替工件，画出加工路线，以检查机床的运动轨迹是否正确。在有 CRT 图形显示屏的数控机床上，用模拟刀具与工件切削过程的方法进行检验更为方便，但这些方法只能检验出运动是否正确，不能查出被加工零件的加工精度，因此有必要进行零件的首件试切。当发现有加工误差时，应分析误差产生的原因，找出问题所在，加以修正。

从以上内容来看，作为一名编程人员，不但要熟悉数控机床的结构、数控系统的功能及标准，而且还必须是一名好的工艺人员，要熟悉零件的加工工艺、装卡方法、刀具、切削用量的选择等方面的知识。

三、数控编程的种类

数控编程一般分为手工编程、自动编程和计算机高级语言编程三种。

1. 手工编程

手工编程就是上面讲到的编程的步骤，即从分析零件图样、确定工艺过程、进行数值计算、编写零件加工程序单、制备控制介质到校对程序，都是由手工完成的。

对于加工形状简单的零件，计算比较简单，程序不多，采用手工编程较容易完成，并且经济、及时，因此，在点定位加工及由直线与圆弧组成的轮廓加工中，手工编程仍广泛应用。但对于形状复杂的零件，特别是具有非圆曲线、列表曲线及曲面的零件，用手工编程就有一定的困难，出错的概率增大，有的甚至无法编出程序，因此必须用自动编程的方法编制程序。

2. 自动编程

自动编程即用计算机编制数控加工程序的过程。编程人员只需根据图样的要求，使用数控语言编写出零件加工源程序，输入计算机，由计算机自动地进行数值计算、后置处理，编写出零件加工程序单，直至自动穿出数控加工纸带，或将加工程序通过直接通信的方式送入数控机床，指挥机床工作。自动编程的出现使得一些计算烦琐、手工编程困难或无法编出的程序能够实现，因此，自动编程的发展前景很大。

四、程序的结构与格式

每种数控系统根据系统本身的特点及编程的需要，都有一定的程序格式。对于不同的机床，其程序的格式也不同。因此，编程人员必须严格按照机床说明书的规定格式进行编程。

1. 程序的结构

一个完整的程序由程序号、程序内容和程序结束三部分组成。

例：

O0001

N10 G92 X40 Y30；

N20 G90 G00 X28 T0l S800 M03；

N30 G0l X－8 Y8 F200；

N40 X0 Y0；

N50 X28 Y30；

N60 G00 X40；

N70 M02；

（1）程序号

程序号即为程序的开始部分，为了区别于存储器中的程序，每个程序都要有程序号，在程序号前采用程序号地址码。如在 FANUC0 系统中，一般采用英文字母 O 作为程序号地址，而其他系统有的采用 P、% 及：等。

（2）程序内容

程序内容部分是整个程序的核心，它由许多程序段组成，每个程序段由一个或多个指令构成，它表示数控机床要完成的全部动作。

（3）程序结束

以 M02 或 M30 作为整个程序结束的指令，来结束整个程序。

2. 程序段格式

零件的加工程序是由程序段组成的，每个程序段由若干个数据字组成，每个数据字是控制系统的具体指令，它由表示地址的英文字母、特殊文字和数字集合而成。

程序段格式是指一个程序段中的字、字符、数据的书写规则，通常有以下三种格式：

（1）字－地址程序段格式

字－地址程序段由程序段号、数据字和程序段结束组成。各字前有地址，各字的排列顺序要求不严格，数据的位数可多可少，不需要的字及与上一程序段相同的有效字可以不写。该格式的优点是程序简短、直观及容易校验、修改，故该格式在目前广泛使用。

字－地址程序段格式如图 5－12 所示。

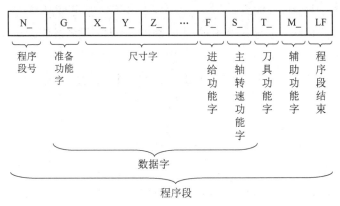

图5-12 字-地址程序段格式

例如：

N20 G01 X25 Y-36 F100 S300 T02 M03；

程序段内各字的说明：

①程序段号。用于识别程序段的编号。用地址码 N 和后面的若干位数字来表示。例如：N20 表示该语句的程序段号为 20。

②准备功能字（G 功能字）。G 功能是使数控机床做好某种操作准备指令，用地址 G 和两位数字来表示，从 G00～G99 共 100 种。

③尺寸字。尺寸字由地址码、"＋"、"－"及绝对值（或增量）的数值构成。

尺寸字的地址码有 X，Y，Z，U，V，W，P，Q，R，A，B，C，I，J，K，D 和 H 等。

例如：

X20 Y-40；

尺寸字的"＋"可省略。

表示地址码的英文字母的含义见表5-3。

表5-3 地址码的含义

地址码	含义
O，P	程序号、子程序号
N	程序段号
X，Y，Z	X、Y、Z 方向的主运动
U，V，W	平行于 X、Y、Z 轴的第二坐标
A，B，C	绕 X、Y、Z 轴的旋转运动
I，J，K	圆弧中心坐标（圆心相对于圆弧起点的增量坐标）
D，H	补偿号指定

④进给功能字。它表示刀具中心运动时的进给速度。它由地址码 F 和后面若干位数字构成。这个数字的单位取决于每个数控系统所采用的进给速度的指定方法。如 F100 表示进给速度为 100 mm/min。有的以 F×× 表示，后两位既可以是代码，也可以是进给量的数值，具

体内容见所用数控机床编程说明书。

⑤主轴转速功能字。由地址码 S 和在其后面的若干位数字组成，单位为 r/min。例如，S800 表示主轴转速为 800 r/min。

⑥刀具功能字。由地址码 T 和若干位数字组成。刀具功能字的数字是指定的刀号。数字的位数由所用系统决定。

例如，T8 表示第八号刀。

⑦辅助功能字（M 功能）。辅助功能表示一些机床辅助动作的指令。用地址码 M 和两位数字表示。从 M00 到 M99 共 100 种。

⑧程序段结束。写在每一程序段之后，表示程序结束。当用 EIA 标准代码时，结束符为"CR"；用 ISO 标准代码时，为"NL"或"LF"。有的用符号";"或"＊"表示。

（2）使用分隔符的程序段格式

这种格式预先规定了输入时可能出现的字的顺序，在每个字前写一个分隔符"HT"或"TAB"，这样就可以不使用地址符，只要按规定的顺序把相应的数字跟在分隔符后面就可以了。

使用分隔符的程序段与字－地址程序段的区别在于用分隔符代替了地址符。在这种格式中，重复的可以不写，但分隔符不能省略。若程序中出现连在一起的分隔符，表明中间略去一个数据字。使用分隔符的程序格式一般用于功能不多且较固定的数控系统。但程序不直观，容易出错。

3. 固定程序段格式

这种程序段既无地址码也无分隔符，各字的顺序及位数是固定的。重复的字不能省略，所以每个程序段的长度都是一样的。这种格式的程序段长且不直观，目前很少使用。

五、铣削加工的刀具

铣削加工的刀具种类很多，在数控铣床和加工中心上常用的铣刀有：

1. 面铣刀

面铣刀主要用于立式铣床上加工平面、台阶面等。如图 5－13 所示，面铣刀的圆周表面和端面上都有切削刃，多制成套式镶齿结构，刀齿为高速钢或硬质合金，刀体为 40Cr。

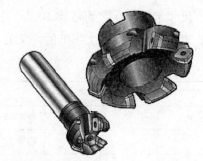

图 5－13　可转位式硬质合金面铣刀

2. 立铣刀

立铣刀是数控铣床上用得最多的一种铣刀，主要用于立式铣床上加工凹槽、台阶面等，其结构如图 5－14 所示。

3. 模具铣刀

模具铣刀由立铣刀发展而成，主要用于立式铣床上加工模具型腔、三维成型表面等。可分为圆锥形立铣刀、圆柱形球头立铣刀和圆锥形球头立铣刀 3 种，其柄部有直柄、削平型直

图 5 – 14 立铣刀

柄和莫氏锥柄。它的结构特点是球头或端面上布满了切削刃，圆周刃与球头刃圆弧连接，可以做径向和轴向进给。铣刀工作部分用高速钢或硬质合金制造。图 5 – 15 所示为高速钢制造的模具铣刀，图 5 – 16 所示为用硬质合金制造的模具铣刀。小规格的硬质合金模具铣刀多制成整体结构，ϕ16 mm 以上直径的，制成焊接或机夹可转位刀片结构。曲面加工常采用球头铣刀，但加工曲面较平坦的部位时，刀具以球头顶端刃切削，切削条件较差，因而应采用圆弧端铣刀。

图 5 – 15 高速钢铣刀

图 5 – 16 硬质合金铣刀

4. 键槽铣刀

键槽铣刀主要用于立式铣床上加工圆头封闭键槽等。如图 5 – 17 所示，键槽铣刀有两个刀齿，圆柱面和端面都有切削刃。键槽铣刀可以不经预钻工艺孔而轴向进给达到槽深，然后沿键槽方向铣出键槽全长。

图 5 – 17 键槽铣刀

【任务实施】

一、实施方案

1. 组织方式

将学生分为六组，在理实一体化教室采用讲授法、观摩法、讨论法等方法初步了解数控铣削编程的方法。

2. 操作准备

①场地设施：理实一体化教室。

②设备设施：多媒体设备、数控铣床等实训设备。

③耗材：刀具、毛坯、干净抹布。

二、操作步骤

（一）布置任务内容

进行如图 5 – 18 所示的平面铣削加工，保证加工后的表面粗糙度 $Ra3.2 \, \mu m$。

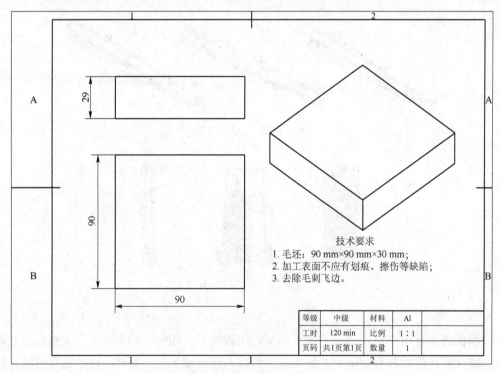

技术要求
1. 毛坯：90 mm×90 mm×30 mm；
2. 加工表面不应有划痕、擦伤等缺陷；
3. 去除毛刺飞边。

等级	中级	材料	Al	
工时	120 min	比例	1∶1	
页码	共1页第1页	数量	1	

图 5 – 18　铣削平面零件

（二）工艺分析

1. 选择编程原点

如图 5 – 19 所示，选择工件上表面的对称中心作为工件编程原点。

2. 设计加工路线

加工本任务工件时，由于零件 Z 向总切深为 1 mm，所以采用一次切削至总深度的方法

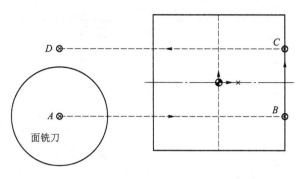

图 5 - 19　刀具中心在 *XY* 平面中的轨迹图

加工，刀具的运动轨迹为 *A*→*B*→*C*→*D*。刀具在加工过程中经过的各坐标分别为 *A*（-80，-22.5）、*B*（45，-22.5）、*C*（45，22.5）、*D*（-80，22.5）。

3. 刀具及切削用量选择（表 5 - 4）。

表 5 - 4　刀具及切削用量

工步	工步内容	刀具	主轴转速/$(r \cdot min^{-1})$	进给量/$(mm \cdot min^{-1})$	切削深度/mm
1	铣削上表面	ϕ63 mm 面铣刀	1 200	200	1

（三）数控加工

①铣床通电开机、铣床准备、回参考点。

②安装机用精密平口钳、校正固定钳口与工作台 *X* 轴方向的平行度。

③将毛坯装在精密平口钳上，下面用等高垫片支撑，并使毛坯高于平口钳 10~15 mm，毛坯放平稳之后用专用扳手夹紧，如图 5 - 20 所示。

④刀具选择与安装。

将需要使用的刀具安装至相应的刀柄中，正确装入主轴，保证安全可靠。

⑤*X/Y/Z* 对刀，设定工件坐标系 G54。

程序输入：平面铣削参考程序见表 5 - 5。

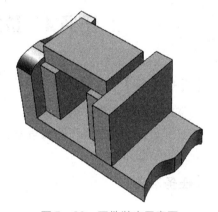

图 5 - 20　工件装夹示意图

表 5 - 5　平面铣削参考程序

刀具	ϕ63 mm 面铣刀	
程序段号	加工程序	程序说明
	O0001	程序名
N10	G90 G40 G21 G80 G54；	程序初始化
N15	G91 G28 Z0；	
N20	M03 S600；	主轴正转

续表

刀具	$\phi63$ mm 面铣刀	
程序段号	加工程序	程序说明
	O00001	程序名
N25	G90 G00 X – 80 Y – 22.5;	刀具 XY 平面快速定位
N30	G00 Z20 M08;	刀具 Z 向快速定位，冷切液开
N35	G01 Z – 1 F100;	切削至总深
N40	G01 X45 Y – 22.5 F100;	$A→B$
N45	G01 X45 Y22.5;	$B→C$
N50	G01 X – 80 Y22.5;	$C→D$
N55	G91 G28 Z0;	刀具返回 Z 轴原点
N60	M09;	冷切液关
N65	M30;	程序结束

⑥采用"自动（AUTO）"方式完成加工。

任务4 数控铣床钻孔程序编写

【任务目标】

①掌握数控铣床程序编写步骤。
②掌握数控铣床孔程序的编写方法。
③认识钻孔刀具。

【任务准备】

孔加工固定循环

常用的孔加工固定循环指令见表 5 – 6。使用一个程序段可以完成一个孔加工的全部动作（钻孔进给、退刀、孔底暂停等），如果孔的动作无须变更，则程序中所有模态数据可以省略，从而达到简化程序、减少编程量的目的。

表 5 – 6 孔加工固定循环指令

G 代码	钻削（ – Z 方向）	在孔底的动作	回退（ + Z 方向）	应用
G73	间歇进给	—	快速移动	高速深孔钻循环
G81	切削进给	—	快速移动	钻孔循环，点钻循环
G83	间歇进给	—	快速移动	深孔钻循环
G80	—	—	—	取消循环

调用格式：

G90/G91　G98/G99　G__ X __ Y __ Z __ R __ P __ Q __ L __ F __；

格式说明：

G98/G99——孔加工完成后，自动退刀时的抬刀高度。G98 表示自动抬高至初始平面高
　　　　　度，G99 表示自动抬高至安全平面高度。

G——G73、G81、G83 中的任一个代码。

X，Y——孔中心位置坐标。

Z——孔底位置或孔的深度。

R——安全平面高度。

Q——深孔加工（G73、G83）时，每次进给深度。Q 永远为正值。

L——子程序调用次数，$L0$ 时，只记忆加工参数，不执行加工。只调用一次时，$L1$ 可
　　以省略。

F——钻孔的进给速度。因 F 具有长效性，若前面定义过的进给速度仍适合孔加工，F
　　不必重复给出。

常用孔加工指令的格式如下。

（1）钻孔、钻中心孔循环 G81

调用格式：

G81　X __ Y __ Z __ R __ F __ K __；

钻孔、钻中心孔的循环过程如图 5－21 所示。

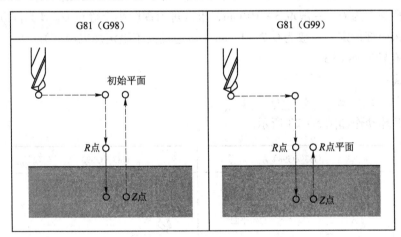

图 5－21　钻孔、钻中心孔循环过程

该指令主要用于定位孔和一般浅孔加工，如加工中心钻的定位点孔和对孔要求不高的钻孔，切削进给执行到孔底，然后刀具从孔底快速移动退回。

（2）高速深孔钻循环 G73

G73　X __ Y __ Z __ R __ Q __ F __ K __；

格式说明：

Q——每次进给的深度。

高速深孔钻的循环过程如图 5－22 所示。

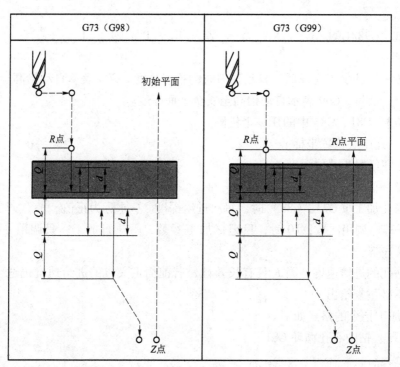

图 5 - 22　高速深孔钻循环 G73 循环过程

其固定循环指令动作如图 5 - 22 所示，高速深加工采用间断进给，有利于断屑、排屑。每次进给钻孔深度为 Q，一般取 3 ~ 10 mm，末次进刀深度小于等于 Q。d 为间断进给时的抬刀量，由机床内部设定，一般为 0.2 ~ 1 mm（可通过人工设定加以改变）。

（3）深孔钻循环 G83

调用格式：

G83　X ___ Y ___ Z ___ R ___ Q ___ F ___;

其固定循环动作如图 5 - 23 所示。

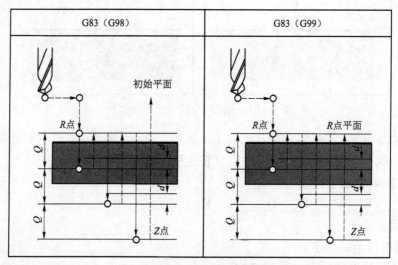

图 5 - 23　G83 深孔钻循环过程

技巧：

①G82 与 G81 动作相似，唯一不同之处是 G82 在孔底增加了暂停，因而适用于盲孔、锪孔或镗阶梯孔的加工，以提高孔底表面加工精度，而 G81 只适用于一般孔的加工。

②G73 与 G83 的区别在于：G73 每次以进给速度钻 Q 深度后，快速抬高 d，再由此处以进给速度钻孔至第二个 Q 深度，依此重复，直至完成整个深孔的加工；而 G83 则是在每次进给钻进一个 Q 深度后，均快速退刀至安全平面高度，然后快速下降至前一个 Q 深度之上 d 处，再以进给速度钻孔至下一个 Q 深度。

【任务实施】

一、实施方案

1. 组织方式

将学生分为六组，在理实一体化教室采用讲授法、观摩法、讨论法等方法学习常用孔加工指令等知识。

2. 操作准备

①场地设施：理实一体化教室。
②设备设施：多媒体设备、数控铣床等实训设备。
③耗材：刀具、毛坯、干净抹布。

二、操作步骤

（一）任务布置

加工图 5-24 所示零件孔系。

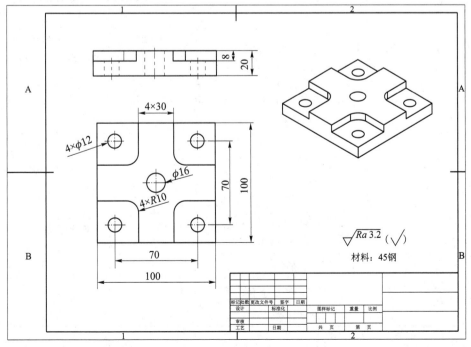

图 5-24　孔系零件

（二）任务分析

1. 图样分析

本零件是一个多孔类零件，需加工 4 个 ϕ12 mm 的通孔、1 个 ϕ16 mm 的通孔。孔的尺寸均为自由公差。

2. 工艺分析

由于形位公差均为自由公差，所以 ϕ12 mm 的孔可以直接钻削加工。ϕ16 mm 的孔用 ϕ12 mm 的钻头预钻底孔，然后用 ϕ16 mm 的钻头钻削。

①安装 ϕ10 mm 寻边器并对中找出编程原点。

②安装 ϕ12 mm 钻头并对刀，设定刀具参数，选择程序，加工 4 个 ϕ12 mm 的孔和 1 个 ϕ16 mm 的底孔。

③安装 ϕ16 mm 钻头并对刀，设定刀具参数，选择程序，加工 ϕ16 mm 的孔。

3. 程序编制（表 5 – 7）

表 5 – 7　程序编制

(1) ϕ12 mm 的钻头加工 4 个 ϕ12 mm 的孔和 ϕ16 mm 的底孔		(2) 换用 ϕ16 mm 的钻头加工 ϕ16 mm 的孔	
O0911	程序名	O0912	程序名
G54 G90 G94 G21 G17;	初始状态设置	G54 G90 G94 G21 G17;	初始状态设置
M3 S800;	主轴正转，速度 800 r/min	M3 S600;	主轴正转，速度 600 r/min
M8;	切削液开	M8;	切削液开
G43 G0 X0 Y0 Z150 H1;	快速定位到（0,0,150）的位置，同时引入长度补偿	G43 G0 X0 Y0 Z150 H2;	快速定位到（0,0,150）的位置，同时引入长度补偿
G81 X35 Y35 Z – 25 R5 F60;	钻孔循环加工第一个孔（右上角）	G81 X0 Y0 Z – 30 R5 F60;	钻孔循环加工 ϕ16 mm 的孔
X35 Y – 35;	第二个孔（右下角）	G80;	取消钻孔循环
X – 35 Y – 35;	第三个孔（左下角）	G49 G0 Z150;	抬刀，回到安全位置，同时取消长度补偿
X – 35 Y35; X0 Y0;	第四个孔（左上角）预钻 ϕ16 mm 的底孔	M30;	程序结束
G80;	取消钻孔循环		
G49 G0 Z150;	抬刀，回到安全位置，同时取消长度补偿		
M30;	程序结束		

4. 零件加工

①零件的装夹。

用平口虎钳装夹工件，夹持高度为 8 mm 左右，用百分表找正。

零件装夹时，敲打工件要用软木槌或铜棒，以防敲坏工件表面，同时，要注意平行垫铁是否有松动。

②对刀，确定工件零点。

③程序输入。

④试切。

⑤零件自动加工。

5. 注意事项

①使用寻边器确定工件零点时，应采用碰双边法。

②钻削深度应根据钻头大小随时调整。

③使用薄的平行垫铁，垫的位置应该在两侧而不是孔正下方。

【项目总结】

本项目主要学习了数控铣床的编程指令、建立坐标系的方法；平面轮廓程序的编写及加工方法；钻孔程序的编写及加工方法。

一、数控编程的指令代码、程序结构及格式、子程序及其调用

①和坐标系相关：G90、G91、G92、G54 ~ G59、G17、G18、G19。

G90：绝对坐标编程。

G91：相对坐标编程。

G54 ~ G59：选择工件坐标系 1 ~ 6。

G17：XY 平面选择。

G18：XZ 平面选择。

G19：YZ 平面选择。

②与刀具运动相关：G00、G01、G02、G03。

G00：快速定位运动。

G01：直线插补运动。

G02：顺时针圆弧插补。

G03：逆时针圆弧插补。

③与刀具补偿相关：G41、G42、G40。

G41：刀具左补偿。

G42：刀具右补偿。

G40：取消 G41/G42。

④辅助功能代码：M00、M01、M02、M03、M04、M05、M06、M08、M09、M30、M98、M99。

M00：程序停止。

M01：程序选择停止。

M02：程序结束。

M03：主轴顺时针旋转。

M04：主轴逆时针旋转。

M05：主轴停止。

M06：换刀。

M08：冷却液打开。

M09：冷却液关闭。

M30：程序结束并返回。

M98：子程序调用。

M99：子程序调用结束。

⑤地址 F 代码：进给率设定。

地址 S 代码：主轴转速设定。

二、数控铣床的机床坐标系和工件坐标系的概念，各坐标轴及其方向的规定

（一）坐标系概念

机床坐标系是机床上固定的坐标系。

工件坐标系是固定于工件上的笛卡儿坐标系。

（二）数控铣床各坐标轴及其方向的规定

①Z 轴：规定与机床主轴线平行的坐标轴为 Z 轴，刀具远离工件的方向为 Z 轴的正向。

②X 轴：对大部分铣床来讲，X 轴为最长的运动轴，它垂直于 Z 轴，平行于工件装夹表面。+X 的方向位于操作者观看工作台时的右方。

③Y 轴：对大部分铣床来讲，Y 轴为较短的运动轴，它垂直于 X、Z 轴。在 Z、X 轴确定后，通过右手法则可以确定 Y 轴。

三、数控铣床平面轮廓程序编写

（一）数控编程的定义及编程的种类

①定义：从零件图的分析到制成控制介质的全部过程叫作数控程序的编制。

②分类：手工编程、自动编程。

（二）程序的结构与格式

1. 程序的结构

一个完整的程序由程序号、程序内容和程序结束三部分组成。

2. 程序段格式

数控铣床采用字–地址程序段格式。

（三）利用所学知识进行平面轮廓程序编写

在操作过程中知道加工平面的过程，会在对应过程选择合适的方法、内容。

四、数控铣床钻孔程序编写

（一）常用孔加工固定循环

G81 钻孔、钻中心孔循环。

G73 高速深孔钻循环。

G83 深孔钻循环。

（二）利用所学知识进行孔类零件程序编写

在操作过程中知道加工孔类零件的过程，会在对应过程选择合适的方法、内容。

项目六　数控铣床铣削加工基本操作

【项目提出】

数控铣床是一种加工功能很强的数控机床，具有如下特点：①零件加工的适应性强、灵活性好，能加工轮廓形状特别复杂或难以控制尺寸的零件，如模具类零件、壳体类零件等；②能加工普通机床无法加工或难以加工的零件，如用数学模型描述的复杂曲线零件及三维空间曲面类零件；③能加工一次装夹定位后，需进行多道工序加工的零件；④加工精度高、加工质量稳定可靠；⑤生产自动化程度高，有利于生产管理自动化；⑥生产效率高等。通过本项目的学习，使学生掌握数控铣床的操作，掌握常用数控铣削加工的一般操作技能，达到数控铣削初级工操作水平。如图 6－0 所示。

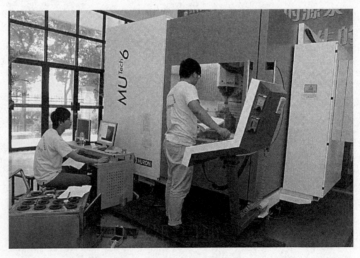

图 6－0　数控铣床铣削加工

【项目分析】

掌握数控铣床铣削加工基本操作能够对之前学习的数控指令进行实践运用，能够加工具有直线、圆弧等形状轮廓的零件。通过本项目的学习，能够熟练掌握数控铣床控制面板按钮的操作，能够运用数控铣床控制面板进行回零、对刀，编写平面轮廓形状零件，在数控铣床上加工孔，加工出中等复杂轮廓形状的零件，达到产品尺寸精度要求。

【项目实施】

项目目标

 素养目标

通过项目的操作实践，让学生体验成功的喜悦，从而更加热爱自己的专业，养成规范的操作习惯和精益求精的工作作风。

 知识目标

1. 了解 FANUC 0i 系统数控铣床面板功能。
2. 掌握数控铣床回零的意义。
3. 掌握数控铣床对刀方法。
4. 掌握平面轮廓及内孔程序的编制方法。

 技能目标

1. 熟练运用数控铣床控制面板进行回零操作。
2. 熟练操作数控铣床进行对刀。
3. 能够正确输入数控程序进行平面零件的加工。
4. 能够运用数控指令进行孔的加工。

项目任务

任务 1：数控铣床控制面板按钮的操作
任务 2：数控铣床回零的操作
任务 3：数控铣床的对刀操作
任务 4：在数控铣床上加工平面轮廓
任务 5：在数控铣床上加工孔

任务 1　数控铣床控制面板按钮的操作

【任务目标】

①认识数控铣床控制面板各旋钮、键的含义。

②掌握数控铣床控制面板的操作。

【任务准备】

FANUC 0i 系统数控铣床面板由 CNC 数控系统面板（CRT/MDI 面板）和铣床操作面板组成；各机床制造厂制造的铣床操作面板各不相同，现以南通机床厂制造的数控铣床（数控铣削加工中心）为例介绍如下。

一、铣床操作面板

铣床操作面板位于窗口的下侧，主要用于控制机床运行状态，由模式选择按钮、运行控制开关等多个部分组成，如图 6-1 所示，每一部分的详细说明见表 6-1。

图 6-1　FANUC 0i 系统数控铣床操作面板

表 6-1　数控铣床操作面板上的旋钮、键的名称和功能

旋钮或键	名称	功　能
程序启动	程序启动键	在自动操作方式，选择要执行的程序后，按下此键后，自动操作开始执行；在 MDI 方式下，数据输入后，按下此键开始执行 MDI 指令

续表

旋钮或键	名称	功　能
	进给保持键	机床在执行自动操作期间，按下此键，进给立即停止，但辅助动作仍然在进行
	方式选择旋钮	编辑/自动/MDI（手动数据输入）/手动/手轮/快速移动/回零/DNC（返回参考点）/示教
	进给倍率修调旋钮	当机床按 F 指令的进给量进给时，可以用此旋钮进行修调，范围是 0～150%；当用自动进给时，用此旋钮修调进给的速度
	CNC 指示灯	机床电源接通/机床准备完成/CNC 电源指示灯
	报警指示灯	CNC/主轴/润滑/气压/换刀报警指示灯
	回零指示灯	X/Y/Z/第四轴参考点返回完成指示灯
	程序段跳步键	在自动操作方式下，按下此键，将跳过程序中有"/"的程序段
	单步运行键	在自动操作方式下，按下此键，每按下循环启动键，只运行一个程序段
	空运行键	在自动操作方式或 MDI 方式下，按下此键，机床为空运行方式

续表

旋钮或键	名称	功　能
	Z 轴锁定键	在自动操作方式、MDI 方式或手动方式下，按下此键，Z 轴的进给停止
	机床锁定键	在自动操作方式、MDI 方式或手动方式下，按下此键，机床的进给停止，但辅助动作仍然在进行
	选择停止键	在自动操作方式下，按下此键，执行程序中 M01 时，暂停执行程序
	急停按钮	当出现紧急情况时，按下此键，机床进给和主轴立即停止
	机床准备按钮	当机床刚通电自检完毕释放急停按钮后，需按下此键，进行强电复位；另外，当 X、Y、Z 轴超程时，按住此键，手动操作机床直至退出限位开关（选择 X、Y、Z 轴的负方向）
	程序保护开关（锁）	需要进行程序编辑、输入参数时，需用钥匙打开此锁
	冲屑按钮	按下此按钮，机床工作台底部冷却喷嘴启动，开始冲屑
	工作照明灯开/关	工作照明开/关
	主轴倍率修调旋钮	在自动操作和手动操作时，主轴转速用此旋钮进行修调，范围是 0～120%
	主轴正转/停止/反转	在手动操作方式下，主轴正转/停止/反转
	冷却液开/关	在手动操作方式下，冷却液开/关

续表

旋钮或键	名称	功　能
快速倍率(%) F0 25 50 100	快速倍率按钮	按下此按钮可以控制机床快速运动倍率
手动轴选 X Y Z IV	手动轴选择旋钮	在手动操作方式下，选择要移动的轴
1 10 100	手轮倍率旋钮	在手脉操作方式下，用于选择手轮的最小脉冲当量（手脉转动一小格，对应轴的移动量分别为 1 μm、10 μm、100 μm）
手动 + −	正方向移动/负方向移动按钮	在手动操作方式下，所选择移动轴正方向移动/负方向移动按钮
刀库 正转 反转	刀库正转、反转按钮	按下正转按钮，刀库正向旋转；按下反转按钮，刀库反向旋转
JOG − +	手动脉冲发生器（手脉）	在手轮操作方式下，转动手轮移动轴正方向移动（顺时针）/负方向移动按钮（逆时针）
	控制器通电按钮	按下此按钮，机床通电
	控制器断电按钮	按下此按钮，机床断电

二、CNC 数控系统面板

CNC 数控系统操作键盘左侧为显示屏，右侧是编程面板，如图 6 - 2 所示。各按键的名称和功能见表 6 - 2。

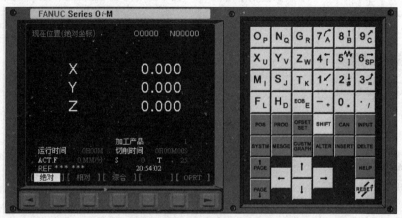

图 6 - 2   FANUC 0i 数控铣床面板

表 6 - 2   数控铣床 CNC 操作面板上的键的名称和功能

键	名称	功　能
数字/字母键图	数字/字母键	输入数字、字母、字符。其中，EOB 是符号 ";" 键，用于程序段结束符
POS	坐标键	坐标显示有三种方式，用按键选择
PROG	程序键	在编辑方式下，显示机床内存中的信息和程序；在 MDI 方式下，显示输入的信息
OFSET SET	刀具补偿等参数输入键	坐标系设置、刀具补偿等参数页面；进入不同的页面以后，用按钮切换
SHIFT	上挡键	上挡功能
CAN	取消键	消除输入区内的数据
INPUT	输入键	把输入区内的数据输入参数页面

续表

键	名称	功　能
SYSTM	系统参数键	显示系统参数页面
MESGE	信息键	显示信息页面，如"报警"
CUSTM GRAPH	图形显示、参数设置键	图形显示、参数设置页面
ALTER	替换键	用输入的数据替换光标所在的数据
INSERT	插入键	把输入区中的数据插入当前光标之后的位置
DELTE	删除键	删除数据，或者删除一个程序或者删除全部程序
PAGE↑ PAGE↓	翻页键（PAGE）	向上翻页、向下翻页
光标移动键	光标移动（CURSOR）键	向上移动光标、向左移动光标、向下移动光标、向右移动光标
RESET	复位键	按下此键，复位 CNC 系统
HELP	系统帮助键	系统帮助页面

【任务实施】

一、实施方案

1. 组织方式

①根据机床的台数将学生分为若干组，教学场所为数控铣床实训教学区，采用讲授法、演示法、练习法、讨论法等方法学习数控铣床控制面板各按键的功能及作用，根据老师要求完成各功能按键的操作任务。

②学生分组对照老师的演示及讲解进行操作，并简单描述各按键的功能和作用。

2. 操作准备

①设备设施：多台数控铣床等实训设备。

②耗材：精密台虎钳、数控铣刀柄、数控键槽铣刀、毛坯、干净抹布。

二、操作注意事项

①每次开机前要检查一下铣床的中央自动润滑系统中的润滑油是否充裕、冷却液是否充足等。

②在手动操作时，必须时刻注意，进行 X、Y 轴移动前，必须使 Z 轴处于抬刀位置；避免刀具和工件、夹具、机床工作台上的附件等发生碰撞。

③铣床出现报警时，要根据报警信号查找原因，及时解除报警。

④更换刀具时，注意操作安全。

⑤注意对数控铣床的日常维护。

三、开机步骤

①接通外部总电源；启动空气压缩机。

②接通数控铣床强电控制柜后面的总电源空气开关，此时机床下操作面板上的"MACHINE POWER"指示灯亮。

③按下操作面板上的"CNC POWER ON"键，系统将进入自检状态，操作面板上的所有指示灯及带灯键将发亮。

④自检结束后，按下操作面板上的"MACHINE RESET"键 2～3 s，进行机床的强电复位。如果在窗口下方的时间显示项后面出现闪烁的"NO READY"提示，一般情况是"E - STOP"键被按下，操作人员应将"E - STOP"键沿键上提示方向顺时针旋转释放，然后再次进行机床的强电复位。

四、手动操作机床

数控铣床的手动操作包括主轴的正、反转及停止操作；冷却液的开、关操作；坐标轴的手轮移动、快速移动及点动操作等。

（一）主轴的启动及手动操作

①把操作面板上的"MODE SEKECT"旋钮旋至"MDI"。

②在 CNC 面板上分别按下"M""0""3""S""5""0""0"";"键，然后按"INSERT"键输入；按"CYCLE START"键执行 M03S500 的指令操作，此时主轴开始正转。

③在手动方式时，按操作面板上"SPINDLE"中的"CW"键可以使主轴正转；按"CCW"键可以使主轴反转；按"STOP"键可以使主轴停止转动。

（二）冷却液的开、关操作

①将操作面板上的"MODE SELECT"旋钮旋至手动方式进行冷却液的开、关操作。

②在操作面板上按"COOL"中的"ON"键开启冷却液；按"OFF"键关闭冷却液。

（三）坐标轴的手动操作

1. 坐标轴的点动操作

①把操作面板上的"MADE SELECT"旋钮旋至"JOG"。

②选择"AXIS SELECT"中的"X""Y""Z"移动坐标轴，按"JOG"中的"＋""－"键进行任一轴的正方向或负方向的调速移动，其移动速度由"FEEDRATE OVER-RIDE"旋钮调节，其最大移动速度由系统参数设定。

2. 利用手摇脉冲发生器进行坐标轴的移动操作

①把操作面板上的"MODE SELECT"旋钮旋至"HANDLE"。

②在操作面板上的"AXIS SELECT"旋钮中选取要移动的坐标轴"X""Y""Z"。

③在"HANDLE MULTIPLER"旋钮中选取适当的脉冲倍率，摇动"MANUAL PULSE GENERATOR"做顺时针或逆时针转动进行任一轴的正或负方向移动。

3. 坐标轴的快速移动操作

①把操作面板上的"MADE SELECT"旋钮旋至"RAPID"。

②在操作面板上的"AXIS SELECT"旋钮中选取要移动的坐标轴"X""Y""Z"。

按"JOG"中的"＋""－"键进行任一轴的正方向或负方向的快速移动，其移动速度由系统参数设定。

五、各功能按钮讲解及操作示范

教师讲解各功能按钮的意义，现场示范按钮功能。

六、关机步骤

①一般把"MODE SELECT"旋钮旋至"EDIT"，把"FEEDRATE OVERRIDE"旋钮旋至"0"。

②按下操作面板上的"E－STOP"键。

③按下操作面板上的"CNC POWER"中的"OFF"键，使系统断电。

④关闭数控铣床强电控制柜后面的总电源空气开关。

⑤关闭空气压缩机。

⑥关闭外部总电源。

任务 2 数控铣床回零的操作

【任务目标】

①了解数控铣床回零的意义。

②掌握数控铣床回零的操作。

【任务准备】

FANUC 0i 系统数控铣床通电后，等待铣床正常启动完毕，将急停按钮按顺时针方向旋

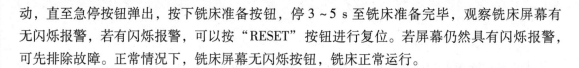

动，直至急停按钮弹出，按下铣床准备按钮，停 3 ~ 5 s 至铣床准备完毕，观察铣床屏幕有无闪烁报警，若有闪烁报警，可以按"RESET"按钮进行复位。若屏幕仍然具有闪烁报警，可先排除故障。正常情况下，铣床屏幕无闪烁按钮，铣床正常运行。

一、数控铣床回零的意义

回零操作是数控铣床在控制操作过程中必须执行的重要环节，数控铣床操作流程中关于开机回零问题有着明文规定，这主要是由于铣床一旦断电，并不会对原有的坐标轴位置进行自动记忆与保存，遗失的原点与坐标需要通过回零操作来重新获取。

开机回零就是让数控铣床的坐标重新回到原点位置，从这一参考点来执行后续的任务控制与操作。类似间隙补偿、刀具补偿等一系列补偿措施的作用发挥正是依赖于开机回零问题的有效落实。根据检测装置与方法的不同，可以将回零操作分为两种，即栅格法回零和磁开关回零。后者由于定位漂移问题的干扰，目前甚少采用。数控铣床的开机回零主要是通过栅格法实现。

数控铣床回零操作旨在重新确立参考点与坐标轴的位置，使各项控制操作任务重新回到零点坐标，从而完善自身的系统功能。值得注意的是，回零操作这一简单的步骤不仅关系到数控铣床的各项功能环节，如精度补偿、轴向补偿等，同时还与数控铣床的零件加工质量之间存在着必然联系。

数控铣床回参考点的目的是建立工件坐标系，也就是让铣床知道工件装在铣床的什么坐标位置上，这样铣床才能按照给定的程序进行切削加工。回参考点时，要注意铣床主轴的运动轨迹和工件之间是否有干涉，也就是不能使主轴和工件有相互碰撞的可能。对于一些装有绝对坐标编码器的铣床，开机后可以不必回参考点。

二、回零操作的基本原理

回零操作是数控铣床操作功能得以体现的重要步骤，其工作原理主要包括两方面内容：其一，手动操作使坐标轴位置趋于零点方向，在完成回零操作之后，数控铣床的控制操作系统将寻找到另一参考点，当轴部压块触碰到开关后，铣床便通过脉冲来实现对有效信息的查询，直至零脉冲出现后，才会终止这一回零过程。其二，铣床坐标轴以最快的速度向零点方向靠近，直至轴部下压至零点开关，这时铣床控制系统将以同等速度返回到坐标轴的零点位置，以完成必要的信息检索工作。值得注意的是，这时的控制信号是由回零轴制动控制而并非系统脉冲控制。

【任务实施】

一、实施方案

1. 组织方式

根据铣床的台数将学生分为若干组，教学场所为数控铣床实训教学区，采用讲授法、演示法、练习法、讨论法等方法学习铣床回零操作的原理和方法。

2. 操作准备

①设备设施：多台数控铣床等实训设备。

②耗材：毛坯、干净抹布。

二、操作步骤

（一）数控铣床回零的操作

开机后，一般必须进行返回参考点操作，目的是建立铣床坐标系。操作步骤如下：

①将操作面板上的"运行方式"旋钮旋至"回零"，进入返回参考点操作功能。

②选择"手轮"旋钮中的"Z"轴，按下手动"+"键，铣床主轴将快速上抬至铣床 Z 轴回零点，先快速运动至回零点附近，再缓慢接近，直至到达回零位置，观察回零指示灯中的 Z 轴指示灯是否点亮。一定要等待回零过程结束，回零指示灯点亮为止。若指示灯未点亮，则回零过程未结束，铣床将不能正常加工。然后同样的方法再分别回 X 轴、Y 轴参考点。

③如果没有完成返回参考点操作，则再次进行此操作时，由于工作台离参考点已经很近，而轴的启动速度又很快，这样往往会出现超程现象并引起报警。对于超程，通常的处理办法是在手动方式下按下"机床准备"按钮，同时选择需返回的轴，按住负方向回退即可，使轴远离参考点，再按正常的返回参考点操作进行。注意，强行回退轴时，不能再次选错回退方向，否则容易造成硬件损伤。在轴退回至一定的安全距离后，切回到"回零"方式下继续重复之前的步骤，正常返回参考点即可。

④因紧急情况而按下急停键，然后重新按下"RESET"键复位时，在进行空运行或铣床锁定运行后，都要重新进行铣床返回参考点操作；否则，铣床操作系统会对铣床零点失去记忆，从而造成事故。

⑤数控铣床返回参考点后，应及时退出参考点，以避免长时间压住行程开关而影响其寿命。

（二）注意事项

数控铣床在回零操作过程中需注意以下几点事项：

①回零前需认真检查铣床屏幕状态，确认是否有其他报警提示，尤其是铣床是否已开机准备好、铣床油液是否处于正常范围、铣床气压是否正常等，确保铣床屏幕无任何闪烁报警。铣床正常运行时，才能进行回零操作。

②进行回零操作时，一定要看清工作台上面是否有障碍物，避免回零铣床各轴运动时与障碍物产生碰撞。最好养成良好的习惯，先回 Z 轴，再回 X 轴或 Y 轴，这样可以有效避免因轴未抬起回零时铣床主轴与工作台其他物体相撞的风险。

③进行回零操作时，先将各轴运动至离回零点一段距离，避免回零失败。若各轴离回零点太近，回零时由于惯性作用，产生超程报警，回零失败。在操作时，一定要耐心等待回零指示灯亮起，才可以切换至其他轴回零。回零过程中，必须将三个回零指示灯全部点亮才能进行其他操作，否则禁止加工。

（三） 数控铣床开机回零过程的故障诊断

面对数控铣床在开机回零过程中出现的种种突发状况，需要以冷静的态度和严谨的思维来面对和解决。从实际回零操作的方式来分析可能导致回零操作故障的根本原因，并采取积极有效的改进策略来防止开机回零故障再次发生。值得注意的是，现有数控铣床系统中的危机预警装置也能够在第一时间将数控铣床中存在的问题暴露出来，以便采取有效的措施加以遏制。在实际数值没有发生改变的状况下，造成回零故障的原因有多种，需要在实际的操作过程中进行分析。常见的数控铣床回零故障主要有以下两大方面：

第一，回零操作系统正常，但却无法找到零点位置。从数控铣床的预警指示灯鸣闪情况来看，控制操作系统显然不存在问题，元器件安装位置也与接口状态相契合，但零点脉冲处却没有接收到指示信号。造成这类回零故障的原因主要有三个：其一，零点位置处的开关破损；其二，零点开关与信号接收系统间的电路遭到破坏；其三，控制操作系统内的元件出现了破损问题。这时可有针对性地对零点位置的元件、开关和电路状况进行及时的故障排查。

第二，回零操作步骤正确，零点位置却不准确。在对数控铣床的控制脉冲和控制系统进行检查时，发现其操作过程皆正常，然而最终确定的零点位置却存在着严重误差，出现了压块的无规律漂移。造成这类回零故障的原因也可以概括为三个：其一，回零减速过快，使零点位置远远超过了实际范围；其二，零点偏移量的参数设计欠妥；其三，操作系统中的机械结构对零点位置的影响。这时可以通过对开关位置的排查、机械结构的重置及系统压块的重新设计来解决。

针对数控铣床开机回零过程中存在的种种问题，必须从实际的回零方式着手，由外至内，从现象深究本质，一步步挖掘到问题的症结所在。无论是数控铣床的机械操作部分还是电气操作部分，都有着自身的实施原则。要解决数控铣床回零问题，首先应当对开关、元器件、电路设备等进行实际检查，观察信号指示灯是否正常鸣闪，排除其中由于技术原因而导致的设施故障。此外，必要的回零参数和零点开关检测也是必不可少的。回零参数的准确性在很大程度上决定了数控铣床的间隙与压轴面工作状况，是解决回零操作问题的必要步骤。最后，在对数控铣床进行整体故障诊断时，还需要分别对机械控制设备和电气控制设备进行技术故障排查，从根本上解决数控铣床的开机回零问题。

任务 3　数控铣床的对刀操作

【任务目标】

①掌握数控铣床对刀的意义。

②掌握数控铣床的对刀操作。

【任务准备】

一、数控铣床对刀的目的

对刀的目的是通过刀具或对刀工具确定工件坐标系原点（程序原点）在铣床坐标系中的位置，并将对刀数据输入相应的存储位置或通过 G92 指令设定。它是数控加工中最重要的操作内容，其准确性将直接影响零件的加工精度。

二、数控铣床的对刀操作步骤

零件加工前进行编程时，必须要确定一个工件坐标系，而在数控铣床加工零件时，必须确定工件坐标系原点的铣床坐标值，然后输入铣床坐标系设定页面相应的位置（G54～G59）中。要确定工件坐标系原点在铣床坐标系中的坐标值，必须通过对刀才能实现。常用的对刀方法有用铣刀直接对刀、寻边器对刀的操作。寻边器的种类较多，有光电式、偏心式等。

无论是用铣刀直接对刀还是用寻边器对刀，都是在工件已装夹完成并装上刀具或寻边器后，通过手摇脉冲发生器等操作，移动刀具使刀具或与工件的前、后、左、右侧面及工件的上表面或台阶面做极微量的接触切削，分别记下刀具或寻边器此时所处的铣床坐标系的 X、Y、Z 坐标值，对这些坐标值做一定的数值处理后，就可以设定到 G54～G59 存储地址的任一工件坐标系中。具体步骤如下：

①装夹工件，装上刀具组或寻边器。

②在手轮脉冲发生器方式分别进行 X、Y、Z 轴的移动操作。

在"手动轴选"旋钮中分别选取 X、Y、Z 轴，然后刀具逐渐靠近工件表面，直至接触。

③进行必要的数值处理计算。

④将工件坐标系原点在铣床坐标系的坐标值设定到 G54～G59 存储地址的任一工件坐标系中。

⑤对刀正确性的验证。如在 MDI 方式下运行"G54 G01 X0 Y0 Z10 F1000"。

【任务实施】

一、实施方案

1. 组织方式

根据铣床的台数将学生分为若干组，教学场所为数控铣床实训教学区，采用讲授法、演示法、练习法、讨论法等方法学习数控铣削对刀的原理和方法。

2. 操作准备

①设备设施：多台数控铣床等实训设备。

②耗材：毛坯、干净抹布。

二、操作步骤

（一）FANUC 0i Mate – MC 数控系统铣床对刀步骤

对刀就是通过一定的方法找出工作原点相对于铣床原点的坐标值。需要找出工件原点对铣床原点分别在 X、Y、Z 向的三个坐标值，并将这三个坐标值输入数控系统工件坐标系设定界面中。本任务将三个坐标值设置在 G54 中，加工时调用 G54 指令可将零点作为工件坐标系原点进行零件加工。

1. 启动主轴

将模式选择旋钮旋到"MDI"（手动数据输入操作）模式，如图 6 – 3 所示，输入"M03 S400"（转速一般为 350 ~ 400 r/min）。

2. 切换至"手轮"模式

将模式选择旋钮旋到"手轮"模式，如图 6 – 4 所示。按编辑面板的"POS"键（位置显示键），如图 6 – 5 所示，再按"相对"功能键。

图 6 – 3　加工模式选择 MDI

图 6 – 4　选择"手轮"模式

图 6 – 5　编辑面板按键

3. X 向对刀

通过手轮移动刀具，使刀具移动到工件的右边（$X -$）。注意，往下移动，不要触碰到工件。刀具往下移动至刀尖刀刃低于工件表面（$Z -$），往左边（$X +$）移动，使刀具轻碰工件。将刀具刀尖刀刃抬高至工件表面以上（$Z +$）。图 6 – 6 所示为当前的 X 向相对坐标。

输入"X"，再按"归零"功能键。X 归零后如图 6 – 7 所示。

将刀具移动到工件的左边（$X +$），刀具往下移动至刀尖刀刃低于工件表面（$Z -$），往右边（$X -$）移动，使刀具轻碰工件。将刀具刀尖刀刃抬高至工件表面以上（$Z +$）。记录此时屏幕上显示的 X 相对坐标，如图 6 – 8 所示，X 向坐标为 62.7，并将该值除以 2。

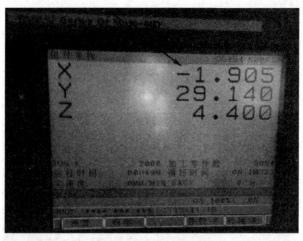

图 6-6　X 向相对坐标

图 6-7　X 向归零

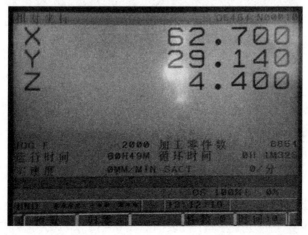

图 6-8　X 向坐标

调整手轮倍率，将刀具移动到相对坐标 $X = 31.35$ 指示的位置，如图 6-9 所示。

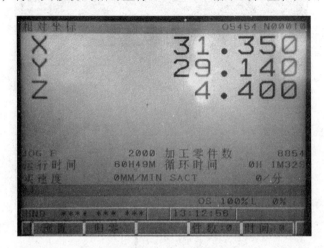

图 6-9　X 向工件原点的相对坐标

按"OFS SET"键（全称 OFFSET SETING，参数设定显示键），再按"坐标系"功能键，将光标移动到 G54 的 X 位置，输入"X0"。按"测量"功能键，G54 中的 X 值会改变，如图 6-10 所示，$X = -374.048$ 即为工件原点相对于铣床原点所在 X 向的坐标值。

图 6-10　G54 中工件原点相对于铣床原点所在 X 向的坐标

4. Y 向对刀

按编辑面板中的"POS"键；设定 Y 向工件原点，过程类似于 X 向原点的设定。图 6-11 所示为 Y 向工件原点的相对坐标。图 6-12 中，$Y = -178.204$ 即为工件原点相对于铣床原点所在 Y 向的坐标值。

5. Z 向对刀

观察工件表面最低点（不平滑的表面可用），将刀具移动到工件最低点的上方，调整手轮倍率，通过手轮移动，使刀具轻碰工件表面。图 6-13 所示为刀具轻碰工件表面的 Z 向的相对坐标。

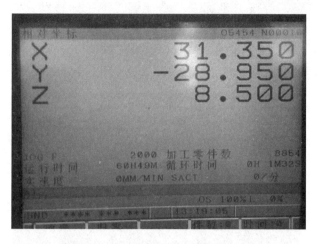

图 6-11　Y 向工件原点的相对坐标

图 6-12　工件原点相对于铣床原点所在 Y 向的坐标

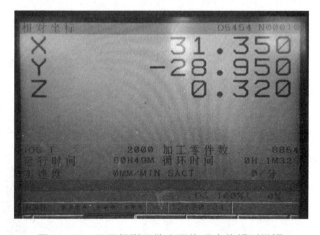

图 6-13　刀具轻碰工件表面的 Z 向的相对坐标

按"OFS SET"键，再按"坐标系"功能键，将光标移动到G54的Z位置，输入"Z0"，按"测量"功能键，G54中的Z值会改变，绝对坐标值将显示Z0，如图6-14所示。图6-15中Z = -351.997即为工件原点相对于铣床原点所在Z向的坐标值。设置好后，将Z轴升至相对安全的高度即可。

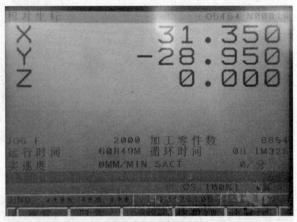

图6-14　坐标系

图6-15　工件原点相对于铣床原点所在Z向的坐标值

（二）偏心式寻边器对刀

下面用寻边器对刀的方法和Z轴设定仪对刀的方法说明对刀的具体步骤。

1. 偏心式寻边器对刀的方法及步骤（见表6-3）

表6-3　偏心式寻边器对刀的方法及步骤

步骤	内容	图例
1	将偏心式寻边器用刀柄装到主轴上	

续表

步骤	内容	图例
2	用 MDI 方式启动主轴，一般用 300 r/min（可以用"主轴转速倍率"调节）	
3	在手轮方式下启动主轴正转，在 X 方向手动控制铣床的坐标移动，使偏心式寻边器接近工件被测表面并缓慢与其接触	
4	进一步仔细调整位置，直到偏心式寻边器上下两部分同轴	
5	计算此时的坐标值［被测表面的 X、Y 值为当前的主轴坐标值加（或减）圆柱的半径］	
6	计算要设定的工件坐标系原点在铣床坐标系的坐标值并输入任一 G54～G59 存储地址中。也可以保持当前刀具位置不动，输入刀具在工件坐标系中的坐标值，如输入"X30"，再按面板上的"测量"键，系统会自动计算坐标并弹到所选的 G54～G59 存储地址中	
7	其他被测表面和 X 轴的操作相同	
8	验证对刀正确性。如在 MDI 方式下运行"G54 G01 X0 Y0 Z10 F1000;"	

2. Z 轴设定仪对刀的方法及步骤（见表 6-4）

表 6-4　Z 轴设定仪对刀的方法及步骤

步骤	内容	图例
1	将刀具用刀柄装到主轴上，将 Z 轴设定仪附着在已经装夹好的工件或夹具平面上	

续表

步骤	内容	图例
2	快速移动刀具和工作台，使刀具端面接近 Z 轴设定仪的上表面	
3	在手轮方式下，使刀具端面缓慢接触 Z 轴设定仪的上表面，直到 Z 轴设定仪发光或指针指示到零位	
4	记录此时的铣床坐标系的 Z 坐标值，计算要设定的工件坐标系原点的 Z 轴在铣床坐标系中的坐标值	
5	将工件坐标系原点的在铣床坐标系中的 Z 轴坐标值输入任一 G54～G59 存储地址的 Z 轴中。也可以保持当前刀具位置不动，输入刀具在工件坐标系中的坐标值，如输入"Z20"，再按面板上的"测量"键，系统会自动计算坐标并弹到所选的 G54～G59 存储地址中	Z 20.0 / 刀具 / 程序原点 / Y 30.0 / X 30.0
6	验证对刀正确性。如在 MDI 方式下运行"G54 G01 Z10 F1000；"	

（三）注意事项

①X 向对刀时，不能移动 Y 向坐标，Y 向对刀时，不能移动 X 向坐标，因为移动之后会造成对刀误差，Z 向对刀时，可以移动 X、Y 向坐标。

②对刀时，操作一定要认真。在用铣床首轮移动时，若刀具距离工件较远，可切换至最大挡位快速靠近工件；若距离工件较近，根据距离长短适当调节首轮挡位。在刀具接触工件时，首轮挡位调节越低，则对刀精度越高。

③首轮在操作过程中一定要区分清楚正、负摇动方向。刀具靠近工件时，一定要仔细观察刀具与工件的接触情况，切不可将正、负方向混淆，以免造成撞刀现象。

数控铣床及加工中心是一种高科技的机电一体化设备，在多年的教学实践中，我们体会到：职业技术院校的学生要熟练掌握数控铣床的操作，除了要有扎实的理论基础外，铣床的实际操作必不可少，通过各种不同零件的加工，逐步掌握数控铣床的性能和操作方法。铣床操作和零件加工的第一步，就是要掌握不同的对刀方法，从而为零件的加工打下良好的基础。

数控铣床的铣床坐标系在铣床出厂时已经确定了，铣床上电后，通过"回零"操作，就建立了铣床坐标系。为了简化数控加工程序的编制，编程人员应根据需要设定工件坐标系。对刀的过程，就是建立工件坐标系的过程。因此，对数控加工而言，对刀至关重要。对刀的准确程度将直接影响零件的加工精度，因此，对刀操作一定要仔细，对刀方法一定要与零件加工精度要求相适应，以减少辅助时间，提高效率。

任务 4　在数控铣床上加工平面轮廓

【任务目标】

①掌握数控铣床刀具半径、长度补偿量的设置。

②掌握加工程序的输入和编辑。

③掌握在数控铣床上加工平面轮廓的方法。

【任务准备】

一、刀具半径、长度补偿量的设置

①如图 6-16 所示，按 OFSET SET 键进入参数设定页面，选择 " 补正 " 选项。

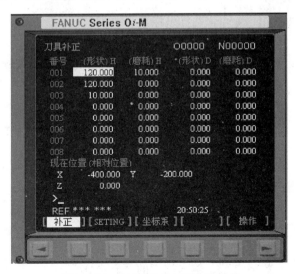

图 6-16　FANUC 0i-M 刀具补偿

②用 PAGE↓ 和 PAGE↑ 键选择长度补偿和半径补偿。

③用 ↓ 和 ↑ 键选择补偿参数编号。

④输入长度补偿 H 或半径补偿 D 的值。

⑤按  键，把补偿值输入指定的位置。

二、工件坐标系 G54 ~ G59 零件原点参数的设置

①按 键进入参数设定页面，选择"坐标系"选项，如图 6 – 17 所示。

图 6 – 17　FANUC 0i – M 工件坐标系

②用 或 选择坐标系。

③输入地址字（X/Y/Z）和数值到输入域；按 键，把输入域中间的内容输入指定的位置。

三、加工程序的输入和编辑

（一）选择一个程序

①选择"编辑"模式。

②按 PROG 键，输入字母"O"。

③按 7 键，输入数字"7"，输入搜索的号码"O7"。

④按 开始搜索；找到后，"O7"显示在屏幕右上角程序号位置，"O7"数控程序显示在屏幕上。

（二）搜索一个程序段

①选择"自动"模式。

②按 键，输入字母"O"。

③按 7 键，输入数字"7"，键入搜索的号码"O7"。

④按 操作 → O检索 ，"O7"显示在屏幕上。

⑤可输入程序段号"N30"，按 N检索 搜索程序段。

（三）输入编辑加工程序

①选择"编辑"模式。

②选择 PROG 。

③输入程序名，如"O7"，按 INSERT 即可编辑。

④移动光标：PAGE 或 PAGE 翻页，按 ↓ 或 ↑ 移动光标，或用搜索一个指定的代码的方法移动光标。

⑤输入数据：按数字/字母键，数据被输入到输入域。CAN 键用于删除输入域内的数据。

⑥自动生成程序段号：按 OFSET SET → SETING ，如图6-18所示，在参数页面顺序号中输入"1"，所编程序自动生成程序段号（如N10…N20…）。

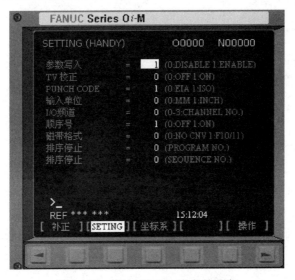

图6-18 FANUC 0i-M参数设定

（四）编辑程序

①按 DELTE 键，删除光标所在位置的代码。

②按 键，把输入区的内容插入光标所在位置的代码后面。

③按 键，用输入区的内容替代光标所在位置的代码。

（五）运行加工

程序输入完毕后，按"RESET"键，使程序复位，这样就可以自动运行加工了。

四、删除程序

（一）删除一个程序

①选择"编辑"模式。

②按 【PROG】 键，输入字母"O"。

③按 【7ᴬ】 键，输入数字"7"。

④按 【DELTE】 键，"O7"，数控程序被删除。

（二）删除全部程序

①选择"编辑"模式。

②按 【PROG】 键，输入字母"O"。

③输入"-9999"。

④按 【DELTE】 键，程序全部被删除。

五、自动操作

（一）自动运行操作

①用查看已有的程序方法，把所加工零件的程序调出。

②在工件校正、夹紧、对刀后，输入工件坐标系原点的铣床坐标值，设置好工件坐标系，输入刀具补偿值，装上加工的刀具等，把"方式选择旋钮"旋至"自动"。

③把操作面板上的"进给倍率修调旋钮"旋至"0"，把操作面板上的"主轴倍率修调旋钮"旋至"100%"。

④按下"程序启动"键，使数控铣床进入自动操作状态。

⑤把"进给倍率修调旋钮"逐步调大，观察切削下来的切屑情况及数控铣床的震动情况，调到适当的进给倍率进行切削加工。

（二）铣床锁定操作

①对于已经输入到内存中的程序，可以采用空运行或铣床锁定进行运行。如果程序有问

题，系统会发出错误报警，根据提示可以对错误的程序进行修改。

②调出加工零件的程序。

③把"模式选择"旋钮旋至"自动"。

④按下"铣床锁定"键。

⑤按下"程序启动"键，执行铣床锁定操作。

⑥如果在运行中出现报警，则程序有格式问题，根据提示修改程序。

运行完毕后，重新执行返回参考点操作。

（三）单段运行操作

①对已经输入到内存中的程序进行调试，可以采用单段运行方式。如果程序在加工时有问题，根据加工工艺可以随时对程序进行修改。

②按下单步运行按钮。

③程序运行过程中，每按一次"程序启动"键，执行一条指令。

（四）MDI 操作

①当加工比较简单的零件或只需要加工几个程序段时，往往不编写程序输入到内存中，而采用在 MDI 方式下边输入边加工的操作。

②把"模式选择"旋钮旋至"MDI"模式。

③输入整个程序段，按下"程序启动"键，执行输入的程序段；执行完毕后，继续输入程序段，再按下"程序启动"键，执行程序段。

【任务实施】

一、实施方案

1. 组织方式

根据铣床的台数将学生分为若干组，教学场所为数控铣床实训教学区，采用讲授法、演示法、练习法、讨论法等方法学习数控铣加工程序的输入和编辑等知识。

2. 操作准备

①设备设施：精密台虎钳、虎钳扳手、卸刀座、卸刀扳手、垫块、刀柄、卡簧、键槽铣刀、工件、量具等。

②耗材：毛坯、干净抹布。

二、操作步骤

（一）布置任务

加工图 6-19 所示平面零件。

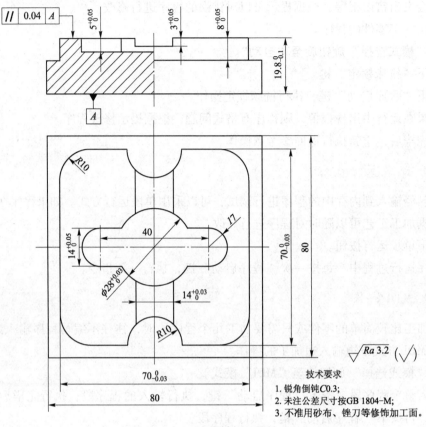

图 6-19　平面零件加工零件图

技术要求
1. 锐角倒钝C0.3;
2. 未注公差尺寸按GB 1804-M;
3. 不准用砂布、锉刀等修饰加工面。

(二) 零件加工

1. 编写程序

平面零件加工程序见表 6-5。

表 6-5　平面零件加工程序

①平面铣削:
O0001 /建立程序名
N10 G54 G40 G90 G80;/程序初始化
S800 M03;/主轴正转, 转速为 800 r/min
G00 X120 Y0 Z30;/刀具快速运动至工件上方安全位置
Z-0.2;/下刀
G01 X-120 F300;/直线进给
G0 Z100;/快速抬刀
G0 X0 Y0;/复位至工件中心
M05;/主轴停止
M30;/程序结束并返回

续表

②零件外轮廓的加工程序：
O0002/建立程序名
N10 G54 G40 G90 G80；/程序初始化
S2500 M03；/主轴正转，转速为 2 500 r/min
G00 X60 Y－60 Z30；/刀具快速运动至工件上方安全位置
Z－8；/下刀
G42 G01 X35 Y－35 D01 F300；/建立刀具半径补偿
Y35，R10；/当执行直线 G01 指令时，采用"，R"格式进行自动倒圆角
X10；/直线进给
G02 X－10 R10；/圆弧进给
G01 X－35，R10；/当执行直线 G01 指令时，采用"，R"格式进行自动倒圆角
Y－35，R10；/当执行直线 G01 指令时，采用"，R"格式进行自动倒圆角
X－10；/直线进给
G02 X10 R10；/圆弧进给
G01 X35，R10；/当执行直线 G01 指令时，采用"，R"格式进行自动倒圆角
Y－10；/直线进给
G40 G01 X60；/取消刀具半径补偿
G00 Z100；/快速抬刀
G00 X0Y0；/复位至工件中点
M05；/主轴停止
M30；/程序结束并返回
③加工中间宽 14 mm 的槽：
O0003/建立程序名
G54 G40 G90 G80；/程序初始化
S2500 M03；/主轴正转，转速为 2 500 r/min
G00 X0 Y60 Z30；/刀具快速运动至工件上方安全位置
Z－3；/下刀
G42 G01 X7 D01 F300；/建立刀具半径补偿
Y－50，R6；/当执行直线 G01 指令时，采用"，R"格式进行自动倒圆角
X－7，R6；/当执行直线 G01 指令时，采用"，R"格式进行自动倒圆角
Y50；/直线进给
G00 Z100；/快速抬刀
G40 X0 Y0；/取消刀具半径补偿并复位至工件中点
M05；/主轴停止
M30；/程序结束并返回

续表

④加工中间深度为 5 mm 的凹形轮廓：
O0004／建立程序名
G54 G40 G90 G80；／程序初始化
S2500 M03；／主轴正转，转速为 2 500 r/min
G0 X0 Y0 Z30；／刀具快速运动至工件上方安全位置
Z5；／刀具快速靠近工件表面
G01 Z－5 F30；／下刀
G41 G01 X14 D01 F300；／建立刀具半径补偿
G03 I－14；／圆弧进给
G40 G01 X0 Y0；／直线进给并取消刀补
G41 G01 Y－7 D01 F300；／建立刀具半径补偿
X20；／直线进给
G03 Y7 R7；／圆弧进给
G01 X－20；／直线进给
G03 Y－7 R7；／圆弧进给
G01 X1；／直线进给
G00 Z100；／快速抬刀
G40 X0 Y0；／取消刀具半径补偿并复位至工件中点
M05；／主轴停止
M30；／程序结束并返回

2. 铣床开机

按下铣床控制柜上的通电开关给铣床通电，接着按下铣床启动按钮，铣床处于启动状态。等待铣床完全启动后，顺时针方向旋转急停按钮，将急停按钮旋出，观察铣床屏幕是否有闪烁报警，若无，则铣床启动完毕，如图 6－20 所示。

3. 铣床回零

铣床回零时，需养成良好的回零习惯，一般先回 Z 轴，然后再回 X 轴或 Y 轴。回零时，需观察铣床各轴的运动是否与铣床其他物件产生干涉，确保回零安全，同时，需注意回零时各轴需离开回零点一定距离，避免因回零运动距离太短而产生回零报警。操作时，首先将运动方式切换至"回零"，如图 6－21 所示。先回 Z 轴，"手动轴选"切换至"Z"，"快速倍率"调为"100%"，按下手动"＋"，此时主轴将快速回至 Z 向零点，待 Z 轴回零指示灯点亮时，Z 轴回零结束，如图 6－22 所示。注意，回零时一定要耐心等待回零指示灯点亮才

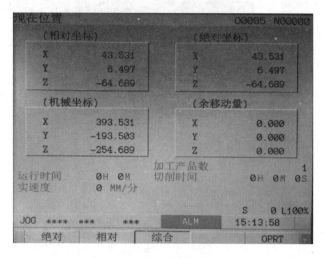

图6-20 铣床启动屏幕界面

可以切换至其他轴继续回零，否则将导致回零失败。采用相同的方法对 X、Y 轴分别回零，直至回零灯"X""Y""Z"全部点亮。如图6-23所示，铣床各轴处于零点位置。

图6-21 运行模式切换至"回零"

图6-22 Z轴回零控制面板

图6-23 回零指示灯显示

4. 安装工件

将铣床控制方式切换至"快速"，选择需要运动的轴，将各轴由铣床零点位置运动至铣床中间位置，将毛坯安装在精密平口钳中间位置，如图6-24所示。安装毛坯时，底部采用等高垫块支撑。根据加工要求，工件被精密平口钳夹持厚度为5 mm，采用适当的夹持力夹紧即可。

图 6-24   安装工件

5. 对刀

在对刀时，采用光电寻边器进行 X、Y 向对刀，首先将光电寻边器安装于主轴。注意，采用光电寻边器对刀时，主轴处于静止状态。将铣床运行模式切换至手摇状态，通过手柄摇动进行对刀。首先将光电寻边器快速运动至毛坯左端，如图 6-25 所示，光电寻边器底部圆形触头处于毛坯下方，快接触工件时，配合手摇倍率开关切换更小的倍率，使光电寻边器触头与工件接触，此时光电寻边器触头上方的指示灯将被点亮，如图 6-26 所示，表示此时圆形触头与毛坯处于接触状态。按下控制面板上的"POS"按钮，显示铣床坐标位置，如图 6-27 所示。按下屏幕下方的"相对"按钮，切换至相对坐标值显示，输入"X"，按下屏幕下方的"归零"按钮，此时如图 6-28 所示，屏幕 X 向显示为"0"。X 向归零结束后，再通过手柄将光电寻边器移动至工件右侧。注意，在移动时，先沿 Z 向抬起再沿 X 向运动，Y 向禁止运动，以免产生对刀误差。寻边器右侧所处位置如图 6-29 所示。同样，在距离工件较远时，先快速靠近，再切换运动倍率，缓慢靠近直至光电寻边器指示灯亮起。此时屏幕如图 6-30 所示，坐标显示 89.920。按下"OFSSET"按钮，屏幕切换至工件坐标系设置界面，将光标移动至（G54）X 坐标值中，输入"X44.96"并按屏幕下方的"测量"按钮，则工件 X 向对刀输入完毕。G54 中 X 值变为 370.034，如图 6-31 所示。

图 6-25 X 向对刀光电寻边器所处位置

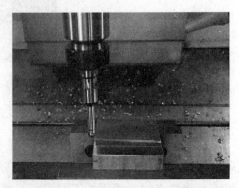

图 6-26   光电寻边器指示灯点亮

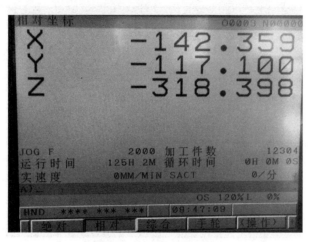

图 6 – 27　铣床坐标显示

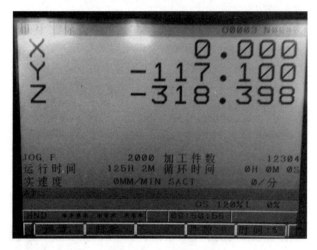

图 6 – 28　X 向归零

图 6 – 29　X 向右侧对刀

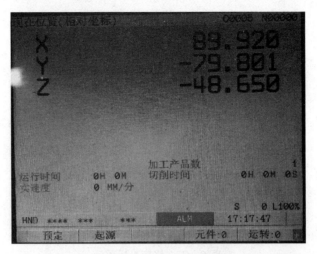

图 6 - 30　当前铣床坐标位置

图 6 - 31　X 轴 G54 坐标设置

　　采用同样的方法将光电寻边器摇至工件下方，如图 6 - 32 所示。按下 "POS" 坐标位置键，切换至相对坐标显示窗口，输入 "Y" 并按 "归零" 按钮，将 Y 坐标归零。手摇寻边器，移至工件上方（注意 X 轴不能移动），快速接近工件。当距离工件较近时，再切换倍率开关缓缓靠近，直至光电寻边器指示灯点亮为止，如图 6 - 33 所示。在操作过程中，一定要

图 6 - 32　Y 向归零

图 6 - 33　Y 向前侧对刀

认真仔细，靠近时切换的倍率越小，测量精度越高。观察当前坐标值显示，按下"OFSSET"按钮，切换至工件坐标系窗口。将光标移至 Y 坐标，输入"Y45.02"，如图 6-34 所示，此时工件 X、Y 向对刀完毕。

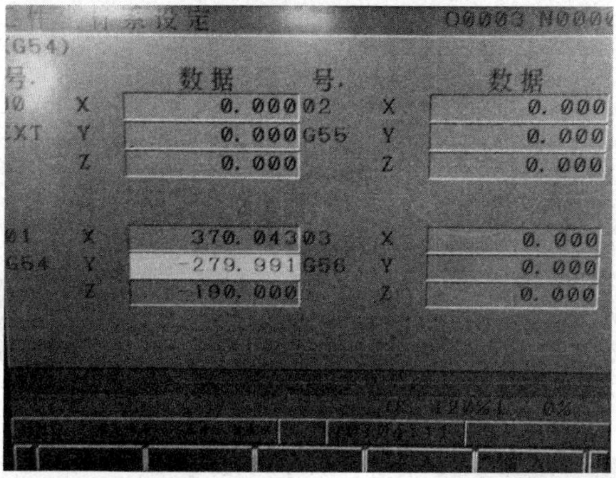

图 6-34 Y 轴 G54 坐标设置

将安装在主轴上的光电寻边器卸下，安装加工使用的直柄立铣刀。在工件上放置 Z 轴设定器，通过手轮摇动刀具靠近至 Z 轴设定器正上方。切换手轮倍率旋钮，缓缓压向 Z 轴设定器至 Z 轴设定器指针对准"0"刻度值，如图 6-35 所示。按下"OFF SET"按钮，切换至工件坐标系设定窗口。将光标移至 G54 的 Z 坐标值，输入 Z 轴设定器高度"Z50"，按下"测量"按钮，如图 6-36 所示，此时工件 Z 轴对刀完毕，记下当前 G54 中 Z 轴坐标值 -377.293 备用。

图 6-35 Z 轴设定器对刀

直柄立铣刀 Z 轴对刀完毕后，卸下安装盘铣刀，采用同样的方法进行 Z 向对刀。盘刀在对 Z 轴时需注意，之前采用直柄立铣刀对刀时，直接将刀具中心对准 Z 轴设定器中心，而盘刀由于中间凹，不能用刀具中心进行对刀，需将盘刀中心偏离一段距离，只要刀刃触碰 Z 轴设定器即可，如图 6-37 所示。切换至对刀窗口，输入"Z50"，按下"测量"按钮即将盘刀 Z 轴对刀完毕。

6. 输入程序

将事先编好的数控加工程序输入铣床控制系统，按"EDIT"按钮切换到程序输入界面，按"PROG"按钮查看程序。在面板上输入"O0001"，按"INSERT"插入按钮，则新建程

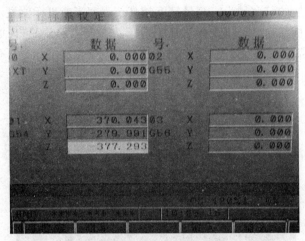

图 6-36 Z轴 G54 坐标设置

图 6-37 盘刀 Z轴对刀

序"O0001"。通过铣床程序输入面板输入"O0001"号程序，如图 6-38 所示。采用相同的方法输入加工程序"O0002""O0003"等。

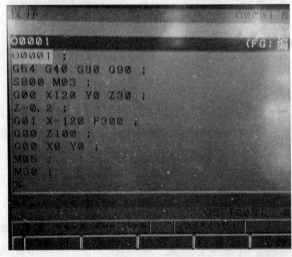

图 6-38 程序输入

7. 程序模拟

将需要执行的程序进行加工模拟，以验证程序的正确性。将加工模式切换至"自动"，按下"Z轴锁定""机床锁定""空运行"三个按钮，如图 6 – 39 所示。按下程序模拟窗口按钮"GSTM/GRPH"，这时按下"机床运行"按钮，观察屏幕是否有错误报警。同时观察模拟运行的图形是否正确，若有错误，则返回程序进行调试，直至错误报警消除。图形完全正确后，方可进行加工。模拟图形如图 6 – 40 所示。

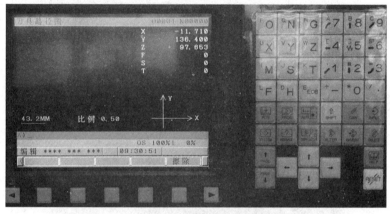

图 6 – 39　铣床控制按钮

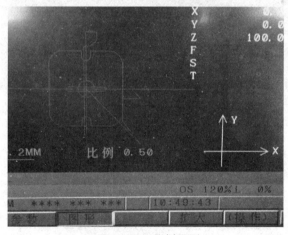

图 6 – 40　模拟图形

8. 自动加工

在程序一次模拟调试运行结束后，在"编辑"模式下打开需要运行的程序，将加工模式切换至"自动"，取消按下"Z轴锁定""机床锁定""空运行"三个按钮，在刀具半径补偿窗口输入粗加工余量 0.1 mm，如图 6 – 41 所示，刀具形状输入半径值"5"，磨损值输入"0.1"，铣床重新回零。回零结束后，将各轴移动至工件上方安全位置等待加工。零件首次加工时，可配合"单段运行"按钮，一步一步地运行，直至整个程序运行结束，最终粗加工的零件如图 6 – 42 所示。

粗加工结束后，选择"50 – 75"的公法线千分尺进行测量，如图 6 – 43 所示。根据测量结果修改刀具刀刃磨损值，再次运行加工程序，直至零件尺寸精度满足图纸要求。

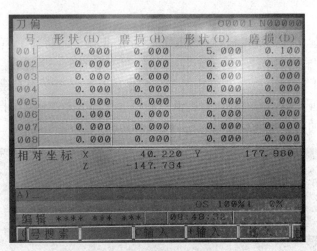

图6-41　刀具半径补偿窗口

图6-42　粗加工后的零件

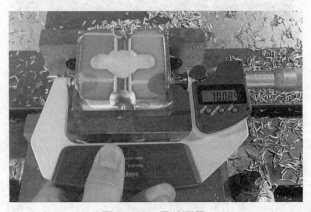

图6-43　尺寸测量

　　注意：在修改磨耗时，需慢慢进行修改。零件尺寸加工偏大时，可以继续修改磨耗，切不可操之过急，如果一下子将尺寸加工小了，这样将导致尺寸超差。所以，在测量时需认真仔细，多次测量，减少随机误差。同时，需一点点修调，从而逼近正确的尺寸公差。

任务5 在数控铣床上加工孔

【任务目标】

①掌握数控铣床孔加工循环指令的意义。
②掌握数控铣床孔加工刀具对刀操作。
③掌握在数控铣床上加工孔。

【任务准备】

一、孔加工循环的动作

孔加工循环指令为模态指令，一旦某个孔加工循环指令有效，在接着所有的位置均采用该孔加工循环指令进行孔加工，直到用G80取消孔加工循环为止。在孔加工循环指令有效时，XY平面内的运动方式为快速运动（G00）。图6-44所示的孔加工循环一般由以下6个动作组成。

动作1：G17平面快速定位；
动作2：Z向快速进给到R点；
动作3：Z向切削进给至孔底；
动作4：孔底部的动作；
动作5：Z向退刀；
动作6：Z轴快速返回起始位置。

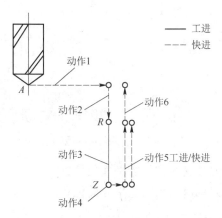

图6-44 孔加工固定循环指令的6个动作

二、孔加工循环中的3个平面

孔加工循环中的3个平面如图6-45所示。

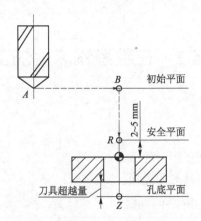

图 6-45　孔加工循环中的 3 个平面

初始平面：在循环前由 G00 定位。

安全平面：其位置由指令中的参数 R 设定，又叫 R 点平面。在此处刀具由快进转为工进，其安全高度一般为 2~5 mm。

孔底平面：其位置由指令中的参数 Z 设定，又叫 Z 平面，它决定了孔的加工深度。注意，通孔加工要留有 3~5 mm 的超越量。

三、刀具返回方式

刀具的两种返回方式如图 6-46 所示。

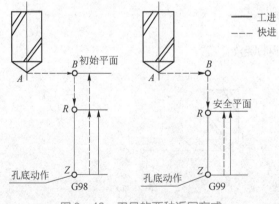

图 6-46　刀具的两种返回方式

G98：加工完成后，让刀具返回到初始平面的位置。

G99：加工完成后，让刀具返回到安全平面的位置。

四、固定循环指令的一般格式

G73-G89 X__Y__Z__R__Q__P__F__K__；

其中，X、Y——孔在 XY 平面中的位置；

　　　　Z——孔底平面的位置；

　　　　R——安全平面的位置；

Q——当有间歇进给时，刀具每次加工深度；精镗或反镗孔循环中的退刀量；

P——刀具在孔底的暂停时间，不加小数点，以毫秒（ms）表示；

F——孔加工切削进给的速度；

K——指定孔加工的循环次数，只对等间距孔有效，须以增量方式指定。

注意：

①除 K 外，各参数均为模态值，在后面的重复加工中不必重新指定。

②固定循环须用 G80 来取消。

③固定循环中，不用刀具半径补偿。

五、FANUC 系统数控铣床常用固定循环

1. 钻孔循环、电钻孔循环（G81）（图 6 – 47）

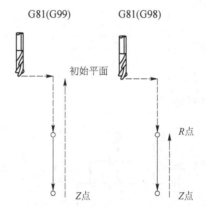

图 6 – 47　钻孔循环、电钻孔循环（G81）

指令格式：G81 X＿Y＿Z＿R＿F＿K＿；

加工方式：进给→孔底→快速退刀。

2. 镗孔循环（G85）（图 6 – 48）

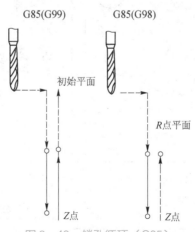

图 6 – 48　镗孔循环（G85）

指令格式：G85 X＿Y＿Z＿R＿F＿K＿；

加工方式：进给→孔底→退刀。

【任务实施】

一、实施方案

1. 组织方式

根据铣床的台数将学生分为若干组，教学场所为数控铣床实训教学区，采用讲授法、演示法、练习法、讨论法等方法学习孔加工循环指令及加工方法。

2. 操作准备

①设备设施：精密台虎钳，备好虎钳扳手、卸刀座、卸刀扳手、垫块、刀柄、卡簧、铣刀、工件、量具等。
②耗材：毛坯、干净抹布。

二、操作步骤

（一）布置任务

加工如图 6 – 49 所示零件孔系。

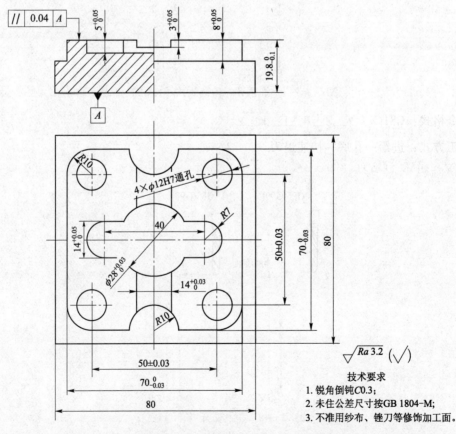

图 6 – 49　数控铣床孔加工零件图

（二）零件加工

1. 编写程序

孔加工程序见表6-6。

表6-6　孔加工程序

O0005／中心钻点孔
G54 G40 G90 G80；／程序初始化
S1000 M03；／主轴正转，转速为1 000 r/min
G0 X0 Y0 Z30；／快速下刀至工件上方
G99 G81 X25 Y25 Z-5 R3 F40；／点钻第一个孔
X-25；／点钻第二个孔
Y-25；／点钻第三个孔
X25；／点钻第四个孔
G00 Z100；／快速抬刀
G80；／钻孔固定循环取消
G00 X0 Y0；／复位至工件中心
M05；／主轴停止
M30；／程序结束并返回
O0006／钻头钻孔
G54 G40 G90 G80；／程序初始化
S1000 M03；／主轴正转，转速为1 000 r/min
G0 X0 Y0 Z30；／快速下刀至工件上方
G99 G81 X25 Y25 Z-25 R3 F100；／钻第一个孔
X-25；／钻第二个孔
Y-25；／钻第三个孔
X25；／钻第四个孔
G00 Z100；／快速抬刀
G80；／钻孔固定循环取消
G00 X0 Y0；／复位至工件中心
M05；／主轴停止
M30；／程序结束并返回
O0007／铰刀铰孔
G54 G40 G90 G80；／程序初始化
S100 M03；／主轴正转，转速为100 r/min

续表

G0 X0 Y0 Z30；/快速下刀至工件上方
G99 G85 X25 Y25 Z − 5 R3 F50；/铰第一个孔
X − 25；/铰第二个孔
Y − 25；/铰第三个孔
X25；/铰第四个孔
G00 Z100；/快速抬刀
G80；/钻孔固定循环取消
G00 X0 Y0；/复位至工件中心
M05；/主轴停止
M30；/程序结束并返回

2. 输入程序

将程序输入数控铣床控制系统，如图6－50所示。在输入过程中，由于点孔、钻孔、铰孔程序非常近似，可以利用铣床提供的复制粘贴功能进行程序编辑。在复制时，首先在程序输入界面按下屏幕下方的"操作"按钮。单击"＋"号按钮可以看到"选择"按钮，将屏幕光标移至需要复制的程序区，按下"选择"按钮的同时，按下键盘上的"↓"按键，如图6－51所示。选取要复制的内容，然后新建程序"O0006""O0007"，选择屏幕下方的"粘贴"按钮即可。

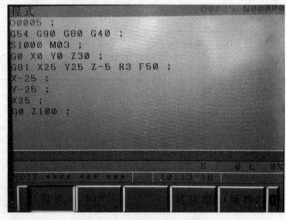

图6－50　钻孔程序输入

3. 对刀

孔加工时，由于之前轮廓加工时已经对过X、Y向，此时X、Y方向无须再次对刀，只需Z向对刀即可。点、钻、铰使用的刀具如图6－52所示，采用Z轴设定器，将点钻、钻孔、铰孔相应刀具依次装入主轴进行Z向对刀。点钻对刀如图6－53所示，钻头、铰刀的对法与此相同，记下对刀G54中Z向测量值即可，以便在加工时按照对应刀具输入该值。

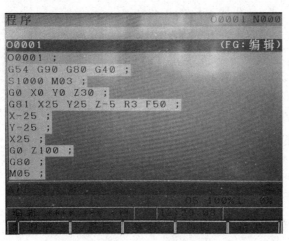

图 6－51　程序复制

图 6－52　点钻、钻孔、铰孔刀具

图 6－53　点钻 Z 向对刀

4. 模拟

对输入的孔加工程序进行模拟调试。注意，由于钻孔在二维模拟时不太容易观察清楚刀具路线，如图 6－54 所示，可将模拟参数设为"XYZ"三维显示，利于操作者更加清楚地观察刀具轨迹。

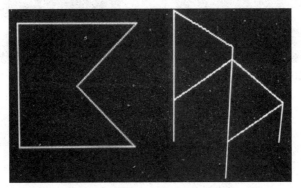

图 6－54　刀轨二维与三维对比

5. 加工

由于之前进行过模拟操作，加工前必须重新对铣床进行回零，方可启动铣床。加工时，按照加工工序依次调入不同的程序。

首先进行点孔加工，点孔加工后的工件如图6-55所示。注意，在加工时，点的孔深既不能太浅，太浅容易造成后续钻头定位不稳，容易钻偏；又不能太深，太深容易导致点钻排屑困难，使刀具损坏。所以需控制点孔深度，一般来说，孔深控制在3~5 mm即可。

然后进行钻孔，钻孔加工如图6-56所示。

注意：

①在钻孔时，由于更换了刀具，一定要将之前的钻头Z轴对刀值输入当前工件坐标系补

图6-55 点孔加工

偿值中，避免刀具长度不同，造成撞刀现象。同时，需调取钻孔程序，使程序与刀具一一对应。

②钻头下刀与工件接触时，需控制进给速度。在钻孔时，钻头特别容易在刚开始钻孔时发生折断，因为钻头与工件刚接触时，钻头定位不稳定，进给速度太快，容易由于钻头定位定偏而导致钻头折断。所以，在下刀时，钻头与工件刚接触的瞬间先慢加工，等接触稳定后，再缓缓加大进给速度。

最后进行铰孔加工，铰孔加工如图6-57所示。注意，在铰孔时，主轴转速不能太高，太高容易导致铰刀转速太快，磨损加剧，影响铰孔表面质量。同时，需确保之前钻孔时工件完全钻通。若工件未钻通，铰孔时铰刀易卡在孔中，导致铰刀损坏。为了保证铰孔精度，在铰孔时，可用喷壶对准铰刀刃喷点油，以使加工后的孔内壁更加光滑，表面质量更高。

图6-56 钻孔加工

图6-57 铰孔加工

6. 检测

采用如图6-58所示的光滑通止规进行孔的检测。通止规左右两端分别有"通""止"字样，检测时，需确保通端能进，止端不能进。

图6-58 光滑通止规

【项目总结】

　　通过该项目的学习，对数控铣床零件的加工有较为清晰的认识，能够掌握数控铣控制面板各操作按钮的功能及意义，在操作环节能够根据动作要求做简单指令运动。在今后的操作中需加强练习，熟练掌握各按钮在控制面板中所处的位置，以便在今后的操作过程中快速找到对应功能按钮位置，同时对各功能按钮的作用进行巩固练习，确保操作过程中能正确使用各功能按键，避免错误操作。能够对数控铣床进行正确的回零操作，掌握回零注意事项，学会数控铣床的对刀操作，能够将编制好的数控加工程序输入数控系统，并进行编辑、调试等，学会在数控铣床上加工平面轮廓及孔等。需要注意的是，作为一个数控铣床操作人员，务必每时每刻都全神贯注，每一个步骤必须理清楚后才能操作。同时需加强练习，正确完成每一个步骤。操作时要时刻注意安全，做一名合格的数控铣床操作工。

一、数控铣床控制面板按钮的操作

1. 认识数控铣床控制面板的含义

2. 掌握数控铣床控制面板的操作

二、数控铣床回零的操作

1. 了解数控铣床回零的意义

2. 掌握数控铣床回零的操作

数控铣床在回零操作过程中需注意以下几点事项：

　　①回零前需认真检查铣床屏幕状态，确认是否有其他报警提示，尤其是铣床是否已开机准备好、铣床油液是否处于正常范围、铣床气压是否正常等，确保铣床屏幕无任何闪烁报警。铣床正常运行时，才能进行回零操作。

　　②进行回零操作时，一定要看清工作台上面是否有障碍物，避免回零铣床各轴运动时与障碍物产生碰撞。最好养成良好的习惯，先回 Z 轴，再回 X 轴或 Y 轴，这样可以有效避免因轴未抬起回零时铣床主轴与工作台其他物体相撞的风险。

　　③进行回零操作时，先将各轴运动至离回零点一段距离，避免回零失败。若各轴离回零点太近，回零时由于惯性作用，产生超程报警，回零失败。所以，在回零时最好将各轴与回零点保持一段距离，使轴在回零时由于惯性加速、反馈、降速而留有一定的安全距离，完成整个回零操作。在操作时，一定要耐心等待回零指示灯亮起才可以切换至其他轴回零。回零过程必须将 3 个回零指示灯全部点亮才能进行其他操作，否则禁止加工。

三、数控铣床的对刀操作

1. 掌握数控铣床对刀的意义

2. 掌握数控铣床的对刀操作

　　①X 向对刀时，不能移动 Y 向坐标；Y 向对刀时，不能移动 X 向坐标，因为移动之后会造成对刀误差；Z 向对刀时，可移动 X、Y 向坐标。

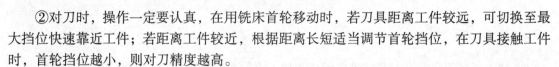

②对刀时，操作一定要认真，在用铣床首轮移动时，若刀具距离工件较远，可切换至最大挡位快速靠近工件；若距离工件较近，根据距离长短适当调节首轮挡位，在刀具接触工件时，首轮挡位越小，则对刀精度越高。

③首轮在操作过程中，一定要区分清楚正、负摇动方向。刀具靠近工件时，一定要仔细观察刀具与工件的接触情况，切不可将正、负方向混淆，以免造成撞刀现象。

四、在数控铣床上加工平面轮廓

掌握程序输入、编辑、铣床开机、回零、关机、工件安装、对刀、程序模拟、加工、测量等操作，学会在数控铣床上加工平面轮廓。

五、在数控铣床上加工孔

掌握点钻、钻孔、铰孔的加工程序，学会在数控铣床上加工孔。